Vorwort

Nur wer seinen Markt, seine Kunden und seine Konkurrenz kennt, kann langfristig erfolgreich sein. In einem immer stärker werdenden Verdrängungswettbewerb wird Marktforschung zu einem entscheidenden Erfolgsfaktor.

Die besondere Relevanz, die der Marktforschung als Marketing- und Managementaufgabe zukommt, ist in den meisten Unternehmen längst bekannt. Trotzdem nutzen die Mitarbeiter viel zu selten Markt- und Kundeninformationen in ihren strategischen sowie taktischen Entscheidungen und Maßnahmen. Die Gründe liegen vielfach darin, dass Marktforschung als „Wissenschaft" angesehen wird und häufig die Kenntnisse für eine praktische Umsetzung von Marktforschungsprojekten fehlen.

Das vorliegende Buch setzt an dieser Herausforderung an, indem es die wichtigsten Themen der Marktforschung praxisnah aufbereitet und in kurzer und prägnanter Form vorstellt. Im Gegensatz zu wissenschaftlichen Standardwerken filtert es gezielt diejenigen Methoden und Erkenntnisse heraus, die für die praktische Marktforschung die größte Bedeutung haben: Von der Erstellung eines Studiendesigns über die Gestaltung von Fragebögen und die wichtigsten Verfahren der Datenauswertung bis hin zur zielgruppengerechten Dokumentation und Präsentation der Ergebnisse zeigt das Buch dem Leser Schritt für Schritt, wie er ein Marktforschungsprojekt erfolgreich umsetzt.

Gedacht als Leitfaden, um Sie als Marktforschungspraktiker bei Ihren Aufgaben zu unterstützen, bildet der Prozess der Marktforschung den Bezugsrahmen, in den alle wesentlichen Themen und Instrumente in den folgenden sechs Kapiteln eingeordnet werden.

Köln, im Januar 2011

Michael Bernecker
Kerstin Weihe

Inhaltsverzeichnis

Begriff, Aufgaben und Prozess der Marktforschung

In diesem Kapitel erhalten Sie eine Einführung in die Marktforschung.

Sie erfahren,

- was Marktforschung für Unternehmen und Organisationen leistet,
- wie Sie ein Marktforschungsprojekt sinnvoll strukturieren,
- wie sich die Marktforschung in den Managementprozess einordnet,
- anhand welcher Kriterien Marktforschungsstudien sowie deren Ergebnisse beurteilt werden können.

Was ist eigentlich Marktforschung? Bevor auf den folgenden Seiten die wichtigsten Aufgaben, Methoden und Instrumente der Marktforschung beschrieben werden, wollen wir zunächst einmal klären, was unter dem Begriff der Marktforschung überhaupt zu verstehen ist und welche Funktionen die Marktforschung im unternehmerischen Alltag erfüllt.

Folgende Definition aus der Literatur erscheint hierzu zweckmäßig (vgl. Herrmann / Homburg / Klarmann 2008 S. 5):

Marktforschung ist die systematische Sammlung, Aufbereitung, Analyse und Interpretation von Daten über Marktgegebenheiten, die in bestimmten Marktsituationen vom Unternehmen benötigt werden.

Nach dieser Definition zeichnet sich Marktforschung somit durch die folgenden Merkmale aus (vgl. Baumgarth / Bernecker 1999 S. 1):

- **Systematische Vorgehensweise:** Durch ihre systematische Vorgehensweise unterscheidet sich die Markt*forschung* von der unsystematischen Markt*entdeckung,* die nur ein zufälliges und gelegentliches Abtasten von Märkten umfasst.
- **Ausrichtung am Zweck der Marktforschung,** welcher darin besteht, unternehmerische Entscheidung durch eine Bereitstellung relevanter Informationen zu unterstützen und zu fundieren. Ziel ist es, möglichst umfassende, relevante und aktuelle marktbezogene Informationen zu erhalten, die als Entscheidungsgrundlage für die Definition von Zielen sowie die Initiierung von (Marketing-)Aktivitäten dienen.
- **Hervorhebung des Prozesscharakters:** Marktforschung zeichnet sich durch einen geplanten Untersuchungsprozess aus, der ausgehend von der Definition des Marktforschungsproblems über die Erstellung eines Studiendesigns bis hin zur zielgruppengerechten Dokumentation und Präsentation der Ergebnisse ein systematisches Vorgehen vorsieht.
- Marktforschung ist immer **auf ein bestimmtes Untersuchungsobjekt ausgerichtet.** Man unterscheidet zwischen objektiven und subjektiven Untersuchungsgegenständen.

Die objektiven Sachverhalte von Märkten (z.B. Umsatzzahlen, Distributionsgrad, Marktanteil) erfasst die ökoskopische Marktforschung. Es handelt sich hierbei um Größen, die losgelöst vom individuellen Denken und Handeln der Marktteilnehmer erfasst werden.

Demgegenüber stehen die subjektiven Sachverhalte von Märkten im Mittelpunkt der demoskopischen Marktforschung. Untersucht werden hier beispielsweise die Einstellungen von Abnehmern gegenüber einem bestimmten Produkt oder die Kundenzufriedenheit. Auch sozio-ökonomische Daten der Kunden, wie beispielsweise Geschlecht, Alter oder Familienstand zählen klassischerweise zu den Untersuchungsthemen der demoskopischen Marktforschung. Das gemeinsame Merkmal dieser Untersuchungsgegenstände besteht darin, dass es sich hierbei um Größen handelt, die untrennbar mit den Marktteilnehmern verbunden sind.

Insgesamt kommt der Marktforschung für das Marketing eines Unternehmens eine zentrale Bedeutung zu und sie bildet die Grundlage aller Aktivitäten in diesem Aufgabenkreis. Ziel ist es, durch eine kontinuierliche Sammlung und Analyse die für eine strategische und / oder operative Entscheidung notwendigen Informationen zur Verfügung zu stellen.

Konkret ist die Marktforschung auf die folgenden Aufgaben und Funktionen ausgerichtet:

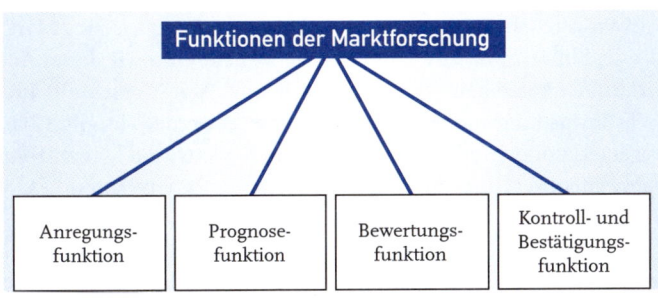

Funktionen der Marktforschung

Anregungsfunktion

Marktforschung hat die Aufgabe, Impulse und Hinweise zu liefern, um neue Maßnahmen zu initiieren und (Marketing-)Entscheidungen zu treffen. Ein Unternehmen sollte die Anregungsfunktion der Marktforschung (synonym ist auch der Begriff der Innovationsfunktion sehr treffend) unbedingt nutzen, um aufkommende Trends möglichst frühzeitig zu entdecken und so das Angebot neuer Leistungen oder Service-Komponenten anzuregen.

Praxis-Beispiel: In den letzten Jahren hat sich eine zunehmende Erlebnis- und Freizeitorientierung als gesellschaftlicher Trend durchgesetzt, der auch die Kauf- und Konsumgewohnheiten der Kunden stark beeinflusst: Der Kauf muss zum Erlebnis werden und gleichzeitig besteht der Wunsch, Erlebnisse zu konsumieren. Aufgabe der Marktforschung ist es, diesen Trend zu identifizieren und auf diese Weise den Unternehmen eine Anregung zu geben, durch geeignete Marketingmaßnahmen auf diese Veränderungen zu reagieren. In der Praxis zeigt sich dies vor allem in der Distributionspolitik, wie die Beispiele von *Nike-Town* oder der *Autostadt* von *Volkswagen* eindrucksvoll beweisen, sowie in der Kommunikationspolitik. Hier lässt sich ein vermehrter Einsatz erlebnisorientierter Kommunikationsinstrumente wie Event-Marketing und Sponsoring als unternehmerische Antwort auf die (durch die Marktforschung) identifizierten gesellschaftlichen Veränderungen interpretieren.

Prognosefunktion

Die Marktforschung muss Veränderungen in den Bereichen Markt, Kunde, Konkurrenz und Umfeld prognostizieren sowie deren Auswirkungen aufzeigen. In diesem Sinn kann Marktforschung auch als Frühwarnung verstanden und eingesetzt werden. Es gilt, Chancen zu erkennen und Risiken im Unternehmensumfeld rechtzeitig wahrzunehmen, um durch geeignete Maßnahmen darauf reagieren zu können.

Praxis-Beispiel: Im Konkurrenzumfeld des Elektrohandwerks waren Baumärkte mit ihrem Produktangebot bisher ganz klar im unteren Preissegment positioniert. In den letzten Jahren ist jedoch zunehmend zu beobachten, dass auch *Obi, Max Bahr, Praktiker* und Co. hochwertigere und teurere Leistungen in ihren Sortimenten führen. Für einen Elektrofachbetrieb ist diese Information über die Marktentwicklung wichtig, um sich auch in Zukunft vor allem über Qualität, Kundenservice und sein Beratungs- und Dienstleistungsangebot von diesen (potenziellen) Konkurrenten abheben zu können.

Bewertungsfunktion

Marktforschung soll eine unterstützende Funktion bei der Bewertung und Auswahl von Entscheidungsalternativen übernehmen.

Praxis-Beispiel: Der Prozess der Neuproduktentwicklung zeichnet sich in seiner frühen Phase (Phase der Ideenentwicklung) zunächst dadurch aus, dass eine Vielzahl an Ideen gesammelt und generiert wird. Im weiteren Verlauf gilt es, nur die Erfolg versprechenden Ideen und Konzepte zu selektieren. Diese Entscheidung sollte nicht „aus dem Bauch heraus" getroffen werden, sondern durch Konzepttests unterstützt werden. Die Marktforschung stellt hierzu neben Kundenbefragungen auch die Methodik der experimentellen Studien (z.B. Conjoint-Analyse; siehe Kap. 5.4) zur Verfügung.

Kontroll- und Bestätigungsfunktion

Die Marktforschung soll die entscheidenden Informationen über die Erfolge sowie Ursachen über mögliche Misserfolge von Marketingmaßnahmen und -entscheidungen bereitstellen. Im Streben um eine kontinuierliche Verbesserung lassen sich aus diesen Informationen auch Ansatzpunkte zur Optimierung ableiten.

Praxis-Beispiel: Durch regelmäßig durchgeführte Kundenzufriedenheitsmessungen liegen einem Unternehmen kontinuierliche Informationen über Zufriedenheit und Kritik der Kunden vor. Diese liefern Indizien für sich abzeichnende Kundenprobleme. Auf Grundlage der so gewonnenen Erkenntnisse ist das Unternehmen

nun in der Lage, auf diese Schwierigkeiten zu reagieren und beispielsweise durch eine entsprechende Schulung seines Personals
im Service und Kundendienst die Missstände abzubauen.

Die angeführten Beispiele lassen vor allem zwei wichtige Eigenschaften der Marktforschung erkennen:

- Zum einen wird deutlich, dass die Kernfunktionen der
  Marktforschung im Zusammenhang mit marketingrelevan-
  ten Aufgaben eines Unternehmens stehen. Im Rahmen des
  Marketings sind zahlreiche Entscheidungen sowohl auf
  strategischer als auch auf taktisch-operativer Ebene zu tref-
  fen, die durch entscheidungsrelevante Informationen unter-
  stützt werden sollen. Aus diesem Grund wird die Marktforschung von vielen Autoren auch als eigenständiger
  Teilbereich im Planungs- und Entscheidungsprozess des
  Marketings eingeordnet (z.B. Meffert et al. 2008 S. 93 ff. /
  Fantapié Altobelli 2007 S. 1).
  Ziel ist es, durch eine kontinuierliche Sammlung und
  Analyse die für eine strategische und / oder operative Maßnahme und Entscheidung notwendigen Informationen zur
  Verfügung zu stellen. Dabei hat die Marktforschung die
  gesamten externen (z.B. Markt, Kunden, Wettbewerber)
  sowie internen (z.B. Ressourcen, technische Voraussetzungen) Informationsprobleme zum Gegenstand, die zur Gestaltung der Marktbeziehungen eines Unternehmens zu
  lösen sind.
  Die Einordnung der Marktforschung in das Marketing-
  management kommt in der folgenden Abbildung zum Ausdruck:

- Zum anderen wird durch die Beispiele aber auch das umfassende und komplexe Aufgabenspektrum der Marktforschung selbst deutlich. Um diesen Anforderungen gerecht
  zu werden, ist ein systematisches Vorgehen in der Informationsbeschaffung und Auswertung der benötigten Informationen erforderlich.

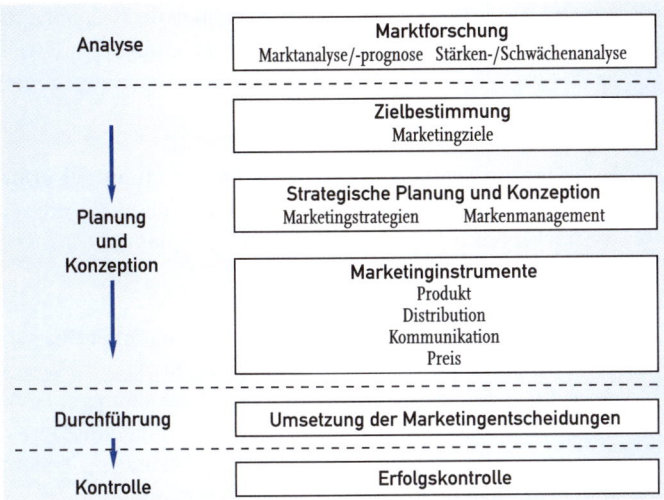

Einordnung der Marktforschung in das Marketing-Management

Die folgende Abbildung zeigt einen systematischen Prozess der Marktforschung. Aufgrund der Benennung der einzelnen Prozessstufen hat sich die Bezeichnung „Die fünf D's der Marktforschung" etabliert.

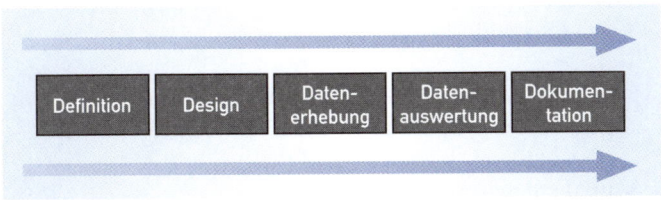

Prozess der Marktforschung

Der Marktforschungsprozess kann in fünf Hauptphasen unterteilt werden, wobei die einzelnen Schritte bei der Bearbeitung eines Marktforschungsprojektes nacheinander und systematisch abgearbeitet werden sollten.

■ **Definition:** Ausgangspunkt der Marktforschung ist die Festlegung, welche Daten überhaupt benötigt werden. In der ersten Phase (Definition) geht es deshalb darum, das Marktforschungsproblem möglichst genau zu formulieren. Hieraus werden dann möglichst operationale Forschungsfragen abgeleitet.

Nur auf Grundlage einer exakten Definition der erforderlichen Inhalte lassen sich in den anschließenden Phasen die relevanten Informationen effizient sammeln und auswerten.

- **Design:** Im Rahmen der Designphase sind darauf aufbauend Entscheidungen über die grundsätzliche Art und Weise der Informationsbeschaffung zu treffen. Vor allem gilt es, die Quellen und Methoden der Datensammlung auf Basis der vorab definierten Forschungsfragen festzulegen. Zudem sind die Untersuchungsteilnehmer / Auskunftspersonen festzulegen, wobei es hierbei vor allem darum geht, eine geeignete Methode der Stichprobenziehung sowie die gewünschte Stichprobengröße zu bestimmen.

- **Datenerhebung:** Im Rahmen der Datenerhebung werden die Erhebungsinstrumente eingesetzt. Die verschiedenen Methoden der Datengewinnung liefern eine große Anzahl von Einzelinformationen.

- **Datenauswertung:** In der Phase der Datenauswertung erfolgen die Ordnung, Analyse und Interpretation der Daten, um auf dieser Basis Marketingentscheidungen sinnvoll unterstützen zu können.

- **Dokumentation:** Den letzten Schritt in der Marktforschung bildet die Dokumentation der Ergebnisse. Neben einer Darstellung in Form von Ergebnisberichten und Präsentationen ist es für die praktische Arbeit und die Anwendung der gewonnenen Erkenntnisse besonders wichtig, die Daten in die entsprechenden Datenbanken des Unternehmens (z.B. Kundendatei / Lieferantenverzeichnisse) einzupflegen.

Jede Marktforschungsstudie lässt sich – unabhängig vom vorliegenden Untersuchungsgegenstand – als ein Prozess kennzeichnen, der aus einer idealtypischen Abfolge der aufgezeigten fünf Phasen besteht. Alle Einzelschritte müssen sorgfältig geplant werden, da Fehler, insbesondere in den frühen Phasen der Untersuchung, zwangsläufig zu quantitativen und / oder qualitativen Beeinträchtigungen der Endergebnisse führen.

In den weiteren Kapiteln werden deshalb anhand der aufgezeigten Struktur eines Marktforschungsprozesses die wichtigsten Aufgaben dieser fünf Phasen detailliert beschrieben und durch wichtige Checklisten und Tools ergänzt, die Sie bei der Realisierung Ihres eigenen Marktforschungsprojektes unterstützen.

Zuvor soll der Prozess der Marktforschung in seiner Struktur sowie in seinen wesentlichen Aufgaben durch das folgende Beispiel verdeutlicht werden:

Praxis-Beispiel: Das Verlagshaus „Lesen macht Spaß" hat festgestellt, dass die Anzahl an Abonnenten ihrer Zeitschrift „Body and Fit" im abgelaufenen Geschäftsjahr deutlich rückläufig war.

Die Marketingabteilung der Zeitschrift überlegt nun zusammen mit den verantwortlichen Redakteuren, ob sie die Inhalte der Zeitschrift modifizieren (z.B. durch die Aufnahme neuer Themen und Rubriken), die Preise für ein Jahres-Abo senken und / oder einen optischen Relaunch der Zeitschrift (neues Layout und Design) durchführen sollen (Marketingentscheidungsproblem).

Allerdings wollen die zuständigen Mitarbeiter diese Entscheidungen nicht nur aufgrund ihrer (subjektiven) Meinung treffen. Vielmehr halten sie es für wichtig, die Zufriedenheit und die Meinung ihrer Leser zu analysieren und diese Ergebnisse in die weitere Planung einfließen zu lassen (Definition des Marktforschungsproblems).

Hieraus lassen sich unter anderem die folgenden Fragestellungen ableiten (Definition von Forschungsfragen):

- Wie zufrieden sind die aktuellen Kunden / Abonnenten mit der Zeitschrift insgesamt?

- Wie beurteilen sie die inhaltliche Aufmachung, das Layout und den Preis der Zeitschrift und welchen Einfluss haben diese Urteile auf ihre Gesamtzufriedenheit?
- Welche zusätzlichen Inhalte wünschen sich die Leser?

Zur Beantwortung dieser Fragestellung soll eine Kundenzufriedenheitsanalyse durchgeführt werden, wobei sich die Geschäftsführung entschließt, diese Studie in Zusammenarbeit mit einem externen Marktforschungsinstitut zu realisieren. Dieses schlägt eine schriftliche Befragung aller Abonnenten vor (Design des Marktforschungsprojektes). Hierzu wird ein Fragebogen entworfen, der über das unternehmenseigene CRM-System an alle Abonnenten versandt wird. Um die Rücklaufquote zu erhöhen, erhalten diese über das beiliegende Anschreiben, in dem auch die Zielsetzungen und der Ablauf der Studie erklärt werden, die Information und Motivation, dass unter allen Antworten eine Reise in ein Wellness-Hotel sowie diverse kleine Preise verlost werden (Datenerhebung). Alle Antwort-Fragebögen werden durch das Marktforschungsinstitut zunächst mithilfe einer Statistik-Software erfasst. Anschließend werden die gewonnenen Daten so ausgewertet, dass die Merkmale (Inhalte, Layout, Preis) aufgedeckt werden, die Einfluss auf die Gesamtzufriedenheit der Leser haben (Datenauswertung).

Die Darstellung der Ergebnisse erfolgt zum einen durch eine mündliche Präsentation der wichtigsten Erkenntnisse der Studie vor den Marketingverantwortlichen, den Redakteuren sowie der Geschäftsführung. Zudem erhalten alle verantwortlichen Mitarbeiter einen schriftlichen Ergebnisbericht (Dokumentation).

Wie sind nun die Leistungen von Marktforschung zu bewerten? Die Qualität von interner oder externer Marktforschung lässt sich nicht direkt in monetären Einheiten messen. Zwar lassen sich zumindest bei Fremdforschung die Kosten bestimmen, allerdings ist die Ermittlung der (zusätzlichen) Erlöse, die durch die Marktforschung entstehen, kaum möglich. Daher bietet sich der Einsatz von Indikatoren an, die es ermöglichen, sowohl bereits vorliegende als auch erst noch zu beschaffende Informationen zu bewerten. Hier einige wichtige Indikatoren:

Vollständigkeit und Relevanz

Ziel der Marktforschung ist die Erhöhung des Informationsgrades des Entscheidungsträgers, d.h. die Marktforschung ist nur dann sinnvoll, wenn sie problemrelevante Informationen liefert. Die Vollständigkeit ist nicht absolut zu verstehen, sondern es geht darum, dass der Informationsgrad erhöht wird. Dabei helfen Informationen, die neue Aspekte liefern oder solche, die den Sicherheitsgrad bereits bekannter Informationen erhöhen.

Aktualität und Rechtzeitigkeit

Informationen sind im Allgemeinen nur dann wertvoll, wenn sie aktuell sind. Dieses Kriterium spielt insbesondere bei der Beurteilung von Quellen im Rahmen der Sekundärforschung eine wichtige Rolle. Für den Bereich der Primärforschung ist eher der Zeitraum der Beschaffung das relevante zeitliche Beurteilungskriterium.

Wahrheit

Das Kernkriterium zur Beurteilung von Informationen bildet deren Wahrheitsgehalt. Damit eine Information wahr ist, muss sie objektiv, reliabel und valide sein (Bortz/Döring 1995, S.180 ff).

- Unter Objektivität versteht man den Grad, in dem die Ergebnisse der Marktforschung unabhängig vom individuellen Marktforscher oder dem Erhebungssetting sind. Entsprechend dem Ablauf der Marktforschung lassen sich folgende Arten gegeneinander abgrenzen:
  - Durchführungsobjektivität;
  - Auswertungsobjektivität;
  - Interpretationsobjektivität.
- Die Reliabilität (Zuverlässigkeit) dagegen ist der Grad der (formalen) Genauigkeit eines Messinstrumentes. Zur Schätzung der Reliabilität wurden verschiedene Methoden wie z.B. die Retest-Reliabilität entwickelt. Hier wird ein und dasselbe Messinstrument zu zwei verschiedenen Zeitpunkten auf die gleichen Merkmalsträger angewandt. Falls zwischen diesen zeitlich versetzten Messungen eine hohe Übereinstimmung der Messergebnisse besteht, spricht man von einem reliablen Verfahren.

- Das wichtigste Kriterium zur Beurteilung stellt die Validität (Gültigkeit) einer Information dar. Die Validität gibt den Grad der (inhaltlichen) Genauigkeit an, mit dem ein Verfahren das misst, was es vorgibt, zu messen.

Es besteht folgender Zusammenhang: Objektivität ist die Voraussetzung für Reliabilität und diese wiederum für die Validität einer Information.

Marktforschung ermittelt und klärt die entscheidenden Fragen

- Unter Marktforschung versteht man die systematische Gewinnung, Aufbereitung und Interpretation von für die unternehmerische Planung relevanten Informationen.

- Marktforschung zeichnet sich durch ihre Zweckorientierung, ihr systematisches Vorgehen und ihre Prozessstruktur aus.

- Die Marktforschung erfüllt im Unternehmen folgende Funktionen:

  ► Marktforschung liefert Impulse und Hinweise, um neue Maßnahmen zu initiieren und (Marketing-) Entscheidungen zu treffen (Anregungsfunktion).

  ► Marktforschung prognostiziert Veränderungen in den Bereichen Markt, Kunde, Konkurrenz und Umfeld und zeigt deren Auswirkungen auf (Prognosefunktion).

  ► Marktforschung unterstützt bei der Bewertung und Auswahl von Entscheidungsalternativen (Bewertungsfunktion).

  ► Marktforschung stellt die entscheidenden Informationen über die Erfolge sowie Ursachen über mögliche Misserfolge von Marketingmaßnahmen und -entscheidungen bereit (Kontroll- und Bestätigungsfunktion).

■ Die Realisierung eines Marktforschungsprojektes lässt sich idealtypisch in fünf Phasen strukturieren, wobei jeder Phase spezifische Aufgaben und Prozessschritte zugeordnet werden können. Konkret geht es in den einzelnen Phasen vor allem darum, die folgenden Fragestellungen zu bearbeiten und zu beantworten:

■ Was ist das Ziel der Studie (z.B. Analyse der Kundenzufriedenheit, Wettbewerbsanalyse)?

■ Wer soll die Marktforschung durchführen?
■ Welche Form der Datenerhebung ist geeignet?
■ Wie groß soll die Stichprobe sein?

■ Wie organisieren wir die Feldarbeit?

■ Wie können wir aus den Daten Informationen gewinnen?
■ Welche Analyseverfahren kommen zur Anwendung?

■ Wie lassen sich die Ergebnisse sinnvoll präsentieren (Komplexität, Darstellungsform, Tiefe)?

Idealtypischer Ablauf einer Marktforschungsstudie

AUFGABEN

- Warum sollten Unternehmen Marktforschung betreiben?

- Welche Funktionen kann die Marktforschung im Detail erfüllen?

- Wie ordnet sich Marktforschung in den Managementprozess ein?

- Stellen Sie den Prozess der Marktforschung dar und erläutern Sie die „fünf D's"!

- Wie können Sie prüfen, wie zuverlässig ein Messinstrument der Marktforschung ist?

Definition des Markt-forschungsproblems

In diesem Kapitel erfahren Sie, welche grundlegenden Aufgaben zum Start eines Marktforschungsprojektes zu erfüllen sind und warum eine möglichst exakte Definition des Forschungsbedarfs einen zentralen Erfolgsfaktor für Ihr gesamtes Marktforschungsprojekt darstellt.

2

Sie lernen,

- wichtige Informationsbereiche der Umweltanalyse kennen,
- eine Priorisierung Ihrer Erkenntnisinteressen vorzunehmen,
- die Vor- und Nachteile der Eigen- sowie die Fremdmarktforschung kennen,
- wie Sie bei der Auswahl und Beurteilung eines externen Dienstleisters (Marktforschungsinstitut) vorgehen,
- welche Daten und Informationen für ein Briefing eines Marktforschungsinstituts notwendig sind.

Ausgangspunkt eines Marktforschungsprojektes ist grundsätzlich die Definition eines Marktforschungsproblems. Dabei kann der Anstoß für eine Studie oder eine Untersuchung grundsätzlich von ganz verschiedenen Seiten kommen. So stellt häufig ein konkretes Marketingproblem die ausschlaggebende Initiative für ein Marktforschungsprojekt dar. In dem zuvor angeführten Beispiel war die Feststellung über den deutlichen Rückgang in den Abonnentenzahlen die aktuelle Herausforderung, die das Unternehmen veranlasst hat, eine Marktforschungsstudie zu konzipieren und in Auftrag zu geben.

Ähnlich dem zuvor geschilderten Beispiel verursachen auch eine Erschließung neuer Märkte, die Entwicklung eines neuen Produktes oder ein steigender Wettbewerbsdruck einen entsprechenden Informationsbedarf, der durch die Marktforschung gedeckt werden sollte. Marktforschung findet darüber hinaus auch in der strategischen Unternehmensplanung Anwendung, um relevante und abgesicherte Informationen zu liefern.

Dabei kommt es in einem ersten Schritt vor allem darauf an, die Ausgangssituation zu konkretisieren und das Marketingproblem genauer einzugrenzen.

Eine solche exakte Beschreibung der Ausgangssituation ist von großer Bedeutung, da eine unpräzise Definition ansonsten dazu führen könnte, dass an der grundlegenden Fragestellung „vorbeigeforscht" würde und die kompletten gesammelten und aufbereiteten Informationen nicht bzw. nur bedingt zur Lösung des eigentlichen Forschungsgegenstandes beitragen können.

Die Notwendigkeit einer möglichst präzisen Darstellung der Ausgangssituation ergibt sich insbesondere aufgrund der Herausforderung, dass Marketingmaßnahmen und -wirkungen meist durch eine Vielzahl verschiedener Faktoren beeinflusst werden.

Die erste grundlegende Aufgabe der Marktforschung besteht somit darin, aus der prinzipiell unüberschaubaren Fülle externer Elemente die relevanten Einflussfaktoren zu identifizieren.

Eine erste sinnvolle Strukturierung bietet sich an, indem zwischen einer generellen und globalen Umwelt (synonym wird meist der Begriff der Makro-Umwelt) und einer Aufgabenumwelt (synonym: Mikroumwelt) unterschieden wird. Diese beiden allgemeinen Informationsbereiche der Umweltanalyse lassen sich durch folgende Charakterisierung voneinander abgrenzen:

- Als Makroumwelt gelten alle unternehmensexternen Faktoren, auf die das einzelne Unternehmen keinen direkten Einfluss nehmen kann. Dennoch sind sie für das unternehmerische Handeln relevant und stellen insofern einen wichtigen Analysegegenstand dar. Speziell die Marktforschung auf der Makroebene liefert die informatorische Basis für Marketingstrategien und die strategische Früherkennung.
- Die Mikroumwelt (Aufgabenumwelt eines Unternehmens) kann anhand der Marktteilnehmer des jeweiligen Marktes sowie der vor- und der nachgelagerten Märkte strukturiert werden. Als Angrenzung zur Makroumwelt stehen die Marktteilnehmer, die der Mikroumwelt zugeordnet werden, in einer direkten Geschäftsbeziehung mit dem jeweils relevanten Unternehmen. Im Mittelpunkt dieser Analyse stehen somit die Kunden eines Unternehmens sowie die Konkurrenz und die Händler und Lieferanten, mit denen ein Unternehmen geschäftliche Beziehungen unterhält.

Aus den beiden folgenden Checklisten können wichtige Informationsbereiche der globalen Umwelt sowie der Aufgabenumwelt eines Unternehmens entnommen werden:

Infonrationsbereiche globale Umwelt

Ökonomische Faktoren

- Gesamtwirtschaftliche Entwicklung: Bruttosozialprodukt, verfügbare Einkommen
- Geldwertentwicklung: Konsumentenpreise, Großhandelspreise, Rohstoff- und Erzeugerpreise

Soziokulturelle Faktoren

- Werthaltungen und Wertewandel
- Konsumgewohnheiten
- Einflüsse von Ethik und Religion

- Außenhandelsentwicklung
- Konjunkturelle Entwicklungen
- Saisonale Schwankungen

- Freizeitverhalten: Bedeutung von Unterhaltung, Sport und Erholung
- Arbeitsmentalität, Mobilität, Sparneigung
- Lebensgewohnheiten
- Gesellschaftliche Strukturen
- Länderspezifische kulturelle Besonderheiten

Ökologische Faktoren

- Klima
- Infrastruktur
- Verfügbarkeit von ökologischen Ressourcen: Boden, Wasser, Luft, Licht
- Verfügbarkeit von Energie: Erdöl, Gas, Strom, Kohle, andere Energiequellen
- Umweltverschmutzung
- Abfallsituation
- Energieversorgung
- Erneuerbare Energien

Technologische Faktoren

- Entwicklung der Energie- und Rohstofftechnologien
- Staatliche und private Entwicklungsinvestitionen
- Produktionstechnologien: Automation, Verfahrenstechnologien
- Entwicklung von Schlüsseltechnologien
- Substitutionstechnologien
- Informations- und Kommunikationstechnologien

Politisch-rechtliche Faktoren

- Globale Entwicklungen: lokale oder internationale Konflikte
- Stabilität des politischen Systems
- Regierungsform in relevanten Ländern
- Wirtschaftspolitik
- Entwicklungen des internationalen Handels
- Wirtschaftsgesetzgebung (Patent-, Arbeits-, Wettbewerbsrecht, Verbraucherschutz)
- Steuerpolitik
- Regulation/Deregulation

Demografische Faktoren

- Bevölkerungsentwicklung
- Bevölkerungsstruktur: Familiengründungen, Sterberate
- Altersstruktur
- Anzahl und Größe der Haushalte
- Struktur der Haushalte: Ein- vs. Mehrpersonenhaushalte
- Bildungsgrad
- Regionale Verteilung der Bevölkerung
- Einkommensverteilung

Informationsbereiche Aufgabenumwelt

Kunden

- Anzahl, Verteilung
- Sozioökonomische Merkmale (Einkommen, Beruf, Ausbildung)
- Kaufkraft
- Bedürfnislage (Nutzenstiftung)
- Einstellungen
- Kundentypen
- Kauf- und Konsumgewohnheiten
- Innovationsbereitschaft
- Verhaltensorientierte Merkmale (Marken- und Einkaufsstättenwahl, Produktwahl)

Konkurrenz

- Anzahl Wettbewerber
- Wettbewerbsstärke
- Bedeutung der einzelnen Anbieter im Markt (Marktanteil)
- Positionierung der Wettbewerber
- Zielgruppen der Konkurrenz
- Differenzierungsgrad
- Stärken und Schwächen der Konkurrenten
- Potenzielle neue Konkurrenten

Händler

- Anzahl
- Räumliche Verteilung / Einzugsgebiet
- Handelsimage/Positionierung
- Unterstützung bei Marketingaktivitäten
- Service- und Beratungskompetenz
- Preisniveau
- Handelsspanne
- Listung von Konkurrenzangeboten

Lieferanten

- Anzahl, Verteilung
- Leistungsportfolio
- Kompetenzen
- Produkt- und Programmorientierung
- Angebotsstärke
- Preise
- Machtverhältnisse
- Verhältnis zum Wettbewerb

In einem nächsten Schritt gilt es dann, die von den Entscheidungsträgern formulierte Ausgangslage und die relevanten Einflussfaktoren in ein Marktforschungsproblem zu transformieren. Das Forschungsproblem legt die Richtung und den genauen Inhalt des anstehenden Marktforschungsprojektes fest. Dabei müssen auch die zur Lösung des Problems benötigten Informationen identifiziert werden.

▶ **Auch hier gilt: Je genauer und greifbarer die inhaltlichen Ziele eines Marktforschungsprojektes definiert werden, desto besser.**

Konkret bedeutet dies, dass aus der zunächst allgemein formulierten Problemstellung möglichst präzise und operationale Forschungsfragen abgeleitet werden müssen, auf die am Ende des Marktforschungsprojektes fundierte Antworten gegeben werden sollen. Nur wenn die Forschungsfragen in Art, Inhalt und Umfang konkretisiert sind, ist es möglich, geeignete Marktforschungsmethoden für eine Untersuchung zu bestimmen und die Untersuchungsanlage festzulegen.

▶ **Daher sollten insbesondere an dieser Stelle Marketing-Verantwortliche und Mitarbeiter der Marktforschung eng zusammenarbeiten, um das vorliegende Problem abzugrenzen und den konkreten Informationsbedarf festzustellen.**

Greifen wir erneut das zuvor geschilderte Beispiel auf, um auch diesen wichtigen Schritt in der Definitionsphase eines Marktforschungsprozesses zu verdeutlichen:

Praxis-Beispiel: Die rückläufigen Abonnenten-Zahlen wurden für das Verlagshaus als Ausgangslage und aktuelle Herausforderung identifiziert. Die Übersetzung dieser Ausgangslage als Problemstellung für die Marktforschung führt zur Analyse der Kundenzufriedenheit mit der Zielsetzung, die wichtigsten Einflussfaktoren für die Zufriedenheit / Unzufriedenheit der Leser zu identifizieren.

Konkret sollen die folgenden Fragestellungen durch die geplante Studie beantwortet werden:

- Wie zufrieden sind unsere Leser mit der Zeitschrift insgesamt?
- Wie werden einzelne inhaltliche und formale Aspekte der Zeitschrift beurteilt?
- Welche Komponenten haben Einfluss auf die Gesamtzufriedenheit?

■ Welche Verbesserungsvorschläge können identifiziert werden?

Die dargestellte Vorgehensweise stellt gewissermaßen einen Idealfall dar. Leider sieht die Marktforschungspraxis häufig etwas anders aus. Vor allem ist vielfach zu beobachten, dass Marktforschungsprojekte bildlich gesprochen mit zusätzlichen Fragestellungen „überfrachtet" werden. Getreu dem Motto „Wenn wir schon einmal eine Marktforschungsstudie in Auftrag geben, dann könnten wir doch auch noch dies und das und jenes mit abfragen ..." neigen viele Entscheidungsträger dazu, auf einmal möglichst viele verschiedene Informationsbereiche abdecken zu wollen.

Allerdings ist ein solches Vorgehen alles andere als vorteilhaft. Denn auch wenn die Untersuchung dieser zusätzlichen Fragestellungen ebenfalls interessant wäre, überfrachten sie das eigentliche Marktforschungsprojekt und nehmen so den Raum, um die Kernfragestellungen fundiert und sinnvoll zu beantworten. Aus diesem Grund ist eine Fokussierung auf das tatsächliche Forschungsziel dringend zu empfehlen.

Neben einer inhaltlichen Planung, die mit einer Festlegung der konkreten Forschungsfragen abgeschlossen ist, ist es in der Definitionsphase zudem notwendig, auch eine zeitliche sowie eine finanzielle Planung vorzunehmen.

Dabei stehen die zeitliche sowie die finanzielle Planung in enger Verbindung zur Definition der Forschungsziele und -fragen. So können oftmals aufgrund eines sehr engen Zeitrahmens oder vorgegebener Budgetrestriktionen nur Teilbereiche einer Problemstellung detailliert untersucht werden. Deshalb ist es notwendig, entsprechend eigene Zielsetzungen zu priorisieren.

Gleichzeitig ist die Festlegung eines zeitlichen und / oder finanziellen Rahmens unmittelbar mit der Entscheidung über den Träger der Marktforschung verknüpft. Damit ist gemeint, dass unternehmensseitig zu entscheiden ist, wer für die Organisation und Durchführung des geplanten Marktforschungsprojektes verantwortlich ist.

Grundsätzlich gibt es zwei Möglichkeiten zur Durchführung von Marktforschung (vgl. Baumgarth / Bernecker 1999 S. 7): Eigenmarktforschung und Fremdmarktforschung.

Träger der Marktforschung sind somit zum einen Stellen bzw. Abteilungen im eigenen Unternehmen (Eigenmarktforschung), zum anderen spezialisierte externe Dienstleister, wie Marktforschungsinstitute, Unternehmensberatungen oder Informationsbroker (Fremdmarktforschung), wobei diese beide Formen in der Unternehmenspraxis sehr häufig in kombinierter Form zum Einsatz kommen.

Im Folgenden werden beide Möglichkeiten kurz charakterisiert und sollen einander anschließend durch ihre spezifischen Vor- und Nachteile gegenübergestellt werden.

Eigenmarktforschung

Die Eigenmarktforschung, synonym wird häufig auch von betrieblicher Marktforschung gesprochen (vgl. z.B. Fantapié Altobelli 2007 S. 8), beinhaltet Marktforschungsaktivitäten, welche im Unternehmen selbst realisiert werden. Meist werden die anstehenden Projekte dann durch die eigene Marktforschungsabteilung des Unternehmens oder durch hauptamtlich mit Marktforschungsaufgaben beauftragte Mitarbeiter realisiert.

Verfügt ein Unternehmen über eine eigene Marktforschungsabteilung, so ist in diesem Zusammenhang die Frage zu klären, wie eine solche institutionalisierte Marktforschungseinheit in die Organisationsstruktur des Unternehmens einzugliedern ist. Dabei findet sich in der Unternehmenspraxis die Einrichtung einer Stabstelle als häufigste Möglichkeit, vor allem, wenn der Umfang der Marktforschungstätigkeiten eher gering ist. Unterstützt diese Stabsstelle dann primär die Marketingabteilung, so wird sie in der Regel dieser oder einer niedrigeren hierarchischen Ebene (v.a. dem Produktmanagement) zugeordnet (vgl. Fantapié Altobelli 2007 S. 9-10).

Fallen hingegen umfangreichere, laufende und selbst durchzuführende Marktforschungsaufgaben an, so ist es sinnvoll, eine *selbstständige Marktforschungsabteilung* im Marketingbereich der Unternehmung einzurichten.

Insbesondere in Großunternehmen kann es alternativ sinnvoll sein, die umfangreichen Aufgaben der Datenbeschaffung und -analyse für alle Unternehmen in einem zentralen Informationsbereich zusammenzufassen, wobei die Marktforschung bei einer solchen funktionalen Organisationsform diesem Bereich dann als selbstständige Abteilung untergeordnet wird (vgl. Scharf / Schubert 1997 S. 335).

Unabhängig von der konkreten Organisationsform erledigen die meisten Unternehmen ihre Marktforschungsaufgaben dabei jedoch nicht ausschließlich unternehmensintern. Vielmehr erfolgt häufig eine (zeit- und budgetbedingte) Aufteilung zwischen Eigen- und Fremdforschung.

Insgesamt sind dabei für den Bereich der Eigenmarktforschung einige spezifische Vor- und Nachteile zu berücksichtigen, die in der nachfolgenden Abbildung stichpunktartig zusammengefasst sind:

Vorteile	Nachteile
■ Größere Vertrautheit mit Ausgangslage und Problemstellung	■ Gefahr mangelnder Objektivität
■ Stärkere Kontrolle und Koordination der Marktforschungsaktivitäten	■ Vergleichsweise geringe Methodenkenntnis
■ Nutzung interner Informationen der Entscheidungsträger des Unternehmens	■ Hohe Fixkosten
■ Schnellere Reaktionen	■ Betriebsblindheit
■ In der Regel bessere Branchenkenntnis	■ In der Regel keine Benchmarkdaten
■ Kommunikationsvorteile	■ Gefahr sich selbsterfüllender Prophezeiungen

Beurteilung der Eigenmarktforschung

Fremdmarktforschung

Vor allem die oben angeführten Nachteile, zeitliche sowie personelle Engpässe sowie fehlendes (methodisches) Knowhow führen dazu, dass Unternehmen zumindest einen Teil der erforderlichen Marktforschungsaufgaben an externe Stellen abgeben.

In Deutschland existieren zurzeit ca. 200 kommerziell betriebene Marktforschungsinstitute, die sich hinsichtlich ihrer Größe und ihres Dienstleistungsangebots erheblich unterscheiden. Neben großen Full-Service Agenturen, die alle gängigen Marktforschungsstudien ohne wesentliche Fremdhilfe von der Konzeption bis zur Präsentation der Ergebnisse durchführen, besteht der größte Teil dieser Agenturen jedoch aus kleinen Instituten, die sich meist auf bestimmte Methodiken (z.B. Werbeforschung, Marktforschung am Point of Sale) und / oder Branchen spezialisiert haben (vgl. Fantapié Altobelli 2007, S. 14).

Einen Gesamtüberblick über die verschiedenen externen Dienstleister und Institute bietet das Handbuch der Marktforschungsunternehmen, welches vom Berufsverband Deutscher Markt- und Sozialforscher (BVM) jährlich herausgegeben wird.

Hat sich ein Unternehmen für die Beauftragung eines Marktforschungsinstituts entschieden, gilt es, eine qualifizierte Auswahl zu treffen. Für die Beurteilung und anschließende Auswahl eines geeigneten Anbieters können sich die folgenden Kriterien als hilfreich erweisen (vgl. Pepels 1995, S. 149):

- Erfahrungen und Spezialisierung in bestimmten Bereichen (relevante Märkte und Branchen, besondere Methoden und Erhebungsverfahren),
- Personelle und sachliche Ausstattung des Marktforschungsinstituts,
- Referenzen,
- Mitgliedschaft in relevanten Fachverbänden (Mitgliedschaft setzt die Erfüllung gewisser Qualitätsanforderungen voraus): Bundesverband Deutscher Markt- und Sozialforscher (BVM), Arbeitskreis Deutscher Markt und Sozialforschungsinstitute e.V. (ADM),
- Möglichkeit des Konkurrenzausschlusses,
- Empfehlungen anderer Unternehmen oder eigene Erfahrungen aus der Vergangenheit,
- Preise bzw. Preis-Leistungs-Verhältnis,

- Reporting und laufende Kontrollmöglichkeiten seitens des Auftraggebers (Budget, Meilensteine, Zwischenergebnisse),
- Räumliche Nähe,
- „Weiche Kriterien" wie Sympathie, Verständnis etc.

Nachdem die Wahl auf ein bestimmtes Marktforschungsunternehmen gefallen ist, gilt es, in einem nächsten Schritt ein möglichst genaues Briefing zu erarbeiten.

Dabei sollten vor allem die folgenden Punkte genau beschrieben und verbindlich geregelt werden:

- ausführliche und präzise Beschreibung des Marktforschungsproblems und der sich daraus ergebenden Forschungsfragen (Definitionsphase),
- Untersuchungsgegenstand,
- Untersuchungseinheiten (Probanden / Test- und Auskunftspersonen bzw. Testmärkte oder Testgeschäfte),
- Abstimmung des Untersuchungsdesigns (Erhebungsform, Stichprobengröße etc.),
- Terminplanung,
- grobe Kostenkalkulation mit Aufgliederung der wichtigsten Positionen (Vorarbeiten, Designentwicklung, Pretest, Datenerhebung / Feldarbeit, Datenanalyse, Dokumentation),
- Leistungen und Dokumente, die der Auftraggeber beisteuert (z.B. Adressdateien, Untersuchungsgegenstände, wie beispielsweise ein Konzept, welches es zu beurteilen und zu überprüfen gilt),
- Formen der Berichterstattung,
- Kontaktpersonen (sowohl im Marktforschungsinstitut als auch beim Auftraggeber).

Mit der Klärung der Ausgangslage sowie der Definition der Zielsetzung, des Forschungsbedarfs und der korrespondierenden Fragestellungen ist die erste Phase eines Marktforschungsprojektes abgeschlossen.

Die folgenden Tipps und Hilfestellungen fassen die wichtigsten To-Do`s dieser Phase noch einmal zusammen (vgl. Raab / Poost / Eichhorn 2009, S. 21):

Bringen Sie Ihr Marktforschungsproblem auf den Punkt

- **Konkrete Untersuchungsziele:** Je konkreter die Untersuchungsziele definiert sind, desto klarer und strukturierter können Sie Ihr Marktforschungsprojekt organisieren. So lassen sich unnötige Aufgaben nur dann vermeiden, wenn von Anfang an klar ist, welche Erkenntnisse benötigt werden. Auch eine Delegation von Aufgaben und Verantwortlichkeiten lässt sich nur auf Grundlage eindeutiger Zielvorstellungen erreichen.

- **Fokus auf die wirklich relevanten Fragestellungen:** Versuchen Sie, nicht alles auf einmal zu erforschen und zu untersuchen. Anstatt ein Marktforschungsprojekt mit zu vielen Fragestellungen zu überfrachten, ist es sehr viel sinnvoller, eine klare Priorisierung der Erkenntnissinteressen vorzunehmen. Gegebenenfalls bedeutet dies auch, dass einige Fragestellungen vernachlässigt oder auf nachfolgende Studien verschoben werden.

- **Qualifizierte Auswahl und genaues Briefing** sichern den Erfolg bei einer Beauftragung externer Dienstleister: Hat sich ein Unternehmen für die Inanspruchnahme eines Instituts entschieden, so ist zunächst wichtig, einen passenden Dienstleister auszuwählen, wobei diese Entscheidung nicht aus dem Bauch heraus, sondern anhand verschiedener Kriterien gefällt werden sollte. Anschließend muss ein genaues Briefing erarbeitet werden, welches neben der konkreten Problemstellung auch Angaben über Zielgruppen, methodische Wünsche und Terminvorstellungen sowie die Form der Berichterstattung enthalten sollte.

- **Regelmäßige Statusmeetings:** Egal, ob Sie Ihr Marktforschungsprojekt intern organisieren oder einen externen Dienstleister mit der Durchführung Ihrer Marktforschung beauftragt haben, können Sie über regelmäßige Statusmeetings im Auge behalten, ob Ihr Projekt in geregelten Bahnen läuft. Hierzu ist es hilfreich, bereits in der Designphase klare Meilensteine und To-Do's festzulegen, anhand derer sich eine regelmäßige Statusabfrage realisieren lässt.

- Welche Faktoren beeinflussen Ihre Entscheidung, ein Marktforschungsprojekt in Eigenregie durchzuführen oder einen externen Dienstleister (Marktforschungsinstitut) zu beauftragen?

- Welche Vor- und Nachteile bringt es mit sich, selber Marktforschung zu betreiben oder bestimmte Aufgaben einem Dienstleister zu übergeben?

- Welche Kriterien ziehen Sie bei der Auswahl eines Marktforschungsinstituts heran?

- Welche Informationen sollte das Briefing für ein konkretes Marktforschungsprojekt im Detail umfassen?

- Wie können Sie bereits in der Designphase sicher stellen, dass ein Marktforschungsprojekt möglichst effektiv abläuft?

- Welche konkreten Fragestellungen in Ihrem Unternehmen würden Sie selber angehen und welche einem Marktforschungsinstitut überantworten?

AUFGABEN

Design von Marktfor-schungsprojekten

3

Hier lesen Sie, wie Marktforschungsprojekte entsprechend den zugrunde liegenden Fragestellungen und der Art der zu erhebenden Daten konzipiert und geplant werden.

Sie erfahren,

- welche Vor- und Nachteile es hat, neue Daten zu erheben oder auf bereits vorhandene Daten zurückzugreifen,
- auf welche Datenquellen Sie im Rahmen einer Sekundäranalyse zurückgreifen können,
- welche Erhebungsformen im Rahmen der Primäranalyse unterschieden werden können und wodurch sich die jeweiligen Verfahren auszeichnen,
- wichtige Kennzeichen, Zielsetzungen und Einsatzfelder der verschiedenen Befragungsformen,
- wodurch sich qualitative und quantitative Untersuchungen unterscheiden und welche typischen Einsatzfelder es gibt,
- wie Sie einen Fragebogen hinsichtlich Aufbau, formaler Gestaltung sowie der richtigen Länge entwickeln sollten,
- für welche Themen und Fragestellungen sich der Einsatz von Beobachtungen, Experimenten und Langzeitstudien eignet,
- wie Sie bei der Ziehung einer Stichprobe vorgehen können und was Sie berücksichtigen müssen, damit Ihre Stichprobe repräsentativ ist.

Ausgerichtet an den Zielen und dem identifizierten Informationsbedarf gilt es in der anschließenden Design-Phase die anstehende Marktforschungsstudie genau zu planen und zu organisieren. Mit der Wahl der Erhebungsart und der Bestimmung relevanter Informationsquellen, der Definition der einzusetzenden Methoden der Informationsgewinnung und der konkreten Ausgestaltung der einzelnen Verfahren stehen in dieser Phase sehr komplexe Entscheidungen an. Das Ergebnis wird in Form eines Forschungsplans festgehalten.

Festlegung der Erhebungsart und Bestimmung der relevanten Informationsquellen

3.1

Im Rahmen des einleitenden Kapitels wurde dargelegt, dass die grundlegende Aufgabe der Marktforschung darin besteht, unternehmerische Entscheidung durch eine Bereitstellung relevanter Informationen zu unterstützen und zu fundieren. Ziel ist es also, möglichst umfassende, relevante und aktuelle marktbezogene Informationen zu erhalten, die als Entscheidungsgrundlage für die Planung und Durchführung der Marketingaktivitäten dienen.

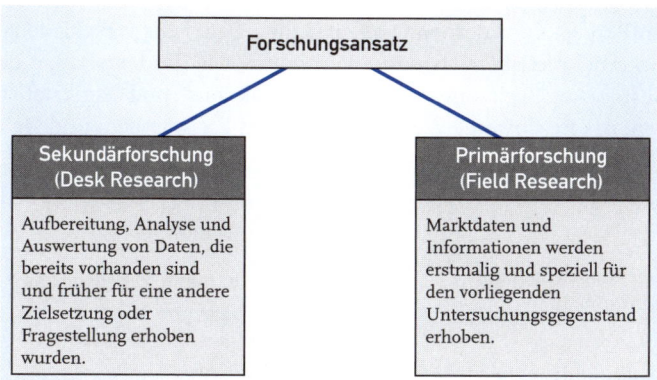

Primär- vs. Sekundärforschung

Der Vorgang dieser systematischen und gezielten Beschaffung von Informationen wird als Erhebung bezeichnet, wobei mit der Primär- und der Sekundärforschung zwei grundlegende Erhebungsarten unterschieden werden können.

3.1.1 Sekundärforschung

Werden zur Informationsgewinnung Daten herangezogen, die bereits zu einem früheren Zeitpunkt und für andere ähnliche Zwecke zur Verfügung standen, handelt es sich um Sekundärforschung. Diese Art der Datenerhebung beinhaltet die Suche, Sammlung, Aufbereitung und Auswertung von bereits vorhandenem Datenmaterial unter den Aspekten der aktuellen Fragestellung. Da hierbei somit keine neuen Daten durch Befragungen oder Ähnliches erhoben werden, sondern sich die Informationsgewinnung auf eine Analyse bereits vorliegender Daten beschränkt, hat sich synonym auch der Begriff der „Desk Research" („Schreibtischanalyse") durchgesetzt.

Innerhalb der Sekundärforschung kommen sowohl interne als auch externe Quellen zum Einsatz.

Interne Quellen

Im Bereich der internen Quellen stehen Daten aus verschiedenen Unternehmensbereichen zur Verfügung, wie die Unterlagen der Kosten- und Leistungsrechnung, Produktions- und Lagerstatistiken, das Beschwerdewesen oder auch das Zielgruppen- und Database-Management.

Quellen	Relevante Informationen: Beispiele
Rechungswesen und Controlling	■ Kostenstruktur und Kostenentwicklung
	■ Deckungsbeiträge (pro Kunde / pro Warengruppe / pro Region)
	■ Bilanzkennzahlen
	■ Rentabilität/ Gewinn
Absatz- und Vertriebsstatistiken	■ Angebotsstatistik
	■ Auftragsstatistik

	■ Umsatzstatistik
	■ Kundendienstberichte (Garantiefälle, Reklamationen, Mahnungen etc.)
Produktions- und Lagerstatistiken	■ Kapazitätsauslastung
	■ Lagerbestände
	■ Anstehende und abgeschlossene Projekte
	■ Produktionskapazität
Frühere Marktforschungs-studien und Analysen (frühere Primäranalysen)	■ Kundenanalysen
	■ Wettbewerbsanalysen
	■ Imageanalysen
	■ Produktanalysen

Interne Informationsquellen der Sekundärforschung
(Fantapié Altobelli 2007, S. 28)

Externe Informationsquellen

Die externen Informationsquellen für die Sekundärforschung sind sehr vielfältig. In diesem Bereich können beispielsweise allgemeine amtliche Statistiken, Ressortstatistiken, Fachliteratur sowie das Internet auf relevante Informationen für die aktuellen Fragestellungen untersucht werden.

Quellen	Relevante Informationsbereiche und Beispiele
Amtliche Statistiken (www.destatis.de, http:// epp.eurostat.ec.europa.eu)	■ Statistisches Bundesamt
	■ Statistische Landesämter / Statistische Ämter der Gemeinden
	■ Informationen aus Bundes- und Landesministerien
Informationen der Wirtschaftsverbände (IHK, AHK, VDMA, VDA etc.)	■ Branchenstatistiken
	■ Konjunkturberichte
	■ Betriebsvergleiche
	■ Sonderthemen und Sonderumfragen
Allgemeine Fachpublikationen	■ Zeitungen und Zeitschriften
	■ Fachbücher und Fachzeitschriften

	■ Firmenveröffentlichungen
	■ Bibliografien
Internetbasierte Informationsquellen	■ Suchmaschinen (z.B. Google)
	■ Netzwerke (z.B. Xing)
	■ Webkataloge (z.B. Yahoo!)
	■ Link-Listen, Blogs
	■ Online- Publikationen
Wirtschaftswissen-schaftliche Institute	■ Deutsches Institut für Wirtschaftsforschung
	■ Ifo-Institut München
	■ Hamburger Weltwirtschaftsarchiv (HWWA)
	■ Institut für Handelsforschung
Informationen externer Dienstleister	■ Marktforschungsagenturen
	■ Werbeagenturen
	■ Banken und Kreditinstitute
	■ Adressagenturen
Sonstige externe Quellen	■ Messen und Veranstaltungen
	■ Firmenveröffentlichungen (Informations-broschüren, Flyer, Preislisten)

Externe Quellen der Sekundärforschung

Globale Umweltdaten (gesamtwirtschaftliche, politische, ökologische Rahmendaten etc.) werden durch die Statistischen Bundes- und Landesämter erhoben und veröffentlicht (www.destatis.de, http://epp.eurostat.ec.europa.eu). Ministerien und staatliche Institutionen veröffentlichen ebenfalls regelmäßig allgemeine Wirtschaftsdaten sowie spezifische Informationen zu bestimmten Branchen.

Detaillierte Brancheninformationen erhält man zudem vor allem von den verschiedenen Wirtschaftsverbänden (www.dihk.de, www.ahk.de). Neben Branchenstatistiken, Branchenberichten und Betriebsvergleichen bereiten viele Verbände Daten aus diversen amtlichen und nicht-amtlichen Quellen für ihre Verbandsmitglieder auf.

Zudem stellen die verschiedenen wirtschaftlichen Verbände wertvolle Datenlieferanten dar.

- So befasst sich das Ifo-Institut in München beispielsweise speziell mit konjunkturellen Entwicklungen und zeigt die Struktur und Entwicklung einzelner Wirtschaftszweige auf.
- Aus den Datenquellen des Hamburger Weltwirtschaftsarchivs lassen sich vor allem gesamtwirtschaftliche Entwicklungen erkennen und
- das Institut für Handelsforschung in Köln hat sich auf allen Themen und Entwicklungen im Handelsbereich spezialisiert.

Unabhängig von ihrer Herkunft besteht die grundlegende Gemeinsamkeit der verschiedenen Sekundärdaten darin, dass diese nicht eigens für das vorliegende Forschungsproblem erhoben werden müssen. Entsprechend sind sie in der Regel kostengünstiger und schneller verfügbar.

Aus betriebswirtschaftlicher Sicht empfiehlt es sich demnach, ein Marktforschungsprojekt zunächst immer mit einer umfassenden Sekundäranalyse zu starten.

Ein solches Vorgehen hat auch den entscheidenden Vorteil, dass es häufig gelingt, mit Hilfe einer sekundärstatistischen Analyse bereits erste wichtige Erkenntnisse zu generieren, auf deren Grundlage sich eine anschließende Primäranalyse zielgerichteter planen und durchführen lässt.

Zudem besteht in bestimmten Fällen ein Bedarf an Daten, die sich ausschließlich aus sekundärstatistischen Daten gewinnen lassen (z.B. volkswirtschaftliche Rahmendaten, gesamtwirtschaftliche Entwicklungen).

> **Allerdings ist in jedem Fall abzuwägen, inwieweit die vorhandenen sekundärstatistischen Quellen nützlich, vollständig, aktuell sowie wahrheitsgemäß sind.**

Auch sind die Kosten bezüglich des erhofften Nutzens zu beurteilen.

Folgende Abbildung gibt eine zusammenfassende Übersicht über die wichtigsten Vor- und Nachteile einer Sekundäranalyse.

Vorteile	Nachteile
■ Kostengünstige Informationsbeschaffung	■ Unsicherheit bzgl. der Genauigkeit und Vertrauenswürdigkeit des Datenmaterials
■ Schnelle Datenerhebung	
■ Lieferung von Spezialdaten (z.B. volkswirtschaftliche oder demografische Daten), die einzelne Unternehmen nicht bzw. nur schwer erheben können	■ Geringe Relevanz oder Detailtiefe der Daten für das aktuelle Forschungsproblem
	■ Unsicherheit bzgl. der Aktualität der Daten
	■ Mangelnde Datenvergleichbarkeit zu anderen Erhebungen
■ Erleichterung der Einarbeitung in die Problemstellung	■ Keine Verfügbarkeit der Originaldaten, stattdessen nur komprimierte Ergebnisberichte
■ Eingrenzung der Erhebungsarbeit für die Primärforschung	

Kritische Beurteilung der Sekundärforschung
(Raab / Poost / Eichhorn 2009, S. 22ff.)

Folgende Hinweise erleichtern einen sinnvollen und zielführenden Umgang mit sekundärstatistischem Datenmaterial:

■ Dokumentation: Es ist absolut wichtig, bereits während der Sekundärrecherche strukturiert zu protokollieren, welche Quellen analysiert werden. Bei Internetquellen ist dabei immer das Abrufdatum anzugeben. Dies erleichtert die Verifizierung der getroffenen Aussagen im Nachgang des Projektes. Hierzu sollten die verwendeten Quellen auch in den Projektpräsentationen angegeben und den einzelnen Aussagen zugeordnet werden.

■ Originalquellen: Es sollte stets versucht werden, die Originalquelle einer Information zu recherchieren und für die Informationsgewinnung heranzuziehen. Insbesondere bei Internetquellen ist die Aktualität der Daten zu prüfen.

■ Internetquellen liefern wichtige Hinweise für ergänzende Analysen: Stützen Sie Ihre Recherche nicht nur auf Internetquellen. Häufig findet sich im Internet nur ein Verweis auf mögliche Informationen, die auf Anfrage weitergegeben werden. Scheuen Sie nicht den Aufwand – oft genügt ein kurzer Schriftverkehr oder ein Gespräch, um weitere interessante Informationen zu erhalten.

Ergänzend und / oder alternativ zur Sekundärforschung finden primärstatistische Analysen statt. Diese kommen immer dann zum Einsatz, wenn die vorhandenen Sekundärdaten nicht ausreichen bzw. nicht aktuell genug sind, um das vorliegende Untersuchungsproblem umfassend zu beleuchten.

Von Primärforschung spricht man immer dann, wenn neue Daten beschafft und aufbereitet werden müssen, um das vorliegende Marktforschungsproblem zu lösen.

▶ **Der wesentliche Vorteil dieses Forschungsansatzes besteht darin, dass die gewonnenen, originären Daten dann speziell auf die zugrunde liegende Problemstellung zugeschnitten sind.**

Als grundlegende Technik der Datenerhebung sind Befragungen und Beobachtungen zu unterscheiden. Daneben existieren Spezialformen der Datenerhebung wie Experimente und Panels, die jedoch nicht als eigenständige Verfahren einzuordnen sind, da die Erhebung der relevanten Daten ebenfalls mittels Befragungen und / oder Beobachtungen realisiert wird.

Im Folgenden gilt es, zunächst die beiden Hauptformen der Datengewinnung, Befragungen und Beobachtungen genauer zu beschreiben, bevor anschließend auch die beiden angeführten Spezialformen (Experimente und Paneluntersuchungen) in ihren wesentlichen Merkmalen vorgestellt werden.

Befragungen   3.2

Die Befragung stellt die wichtigste Form der Datenerhebung dar. Die relevanten Daten und Informationen werden hier durch die verbalen Auskünfte der Testpersonen gewonnen. Befragungen werden am häufigsten eingesetzt, um Meinungen, Motive, Einstellungen und Wünsche der Kunden zu ermitteln.

Insgesamt können sehr unterschiedliche Befragungsformen zum Einsatz kommen, welche nach verschiedenen Kriterien klassifiziert werden können.

Einteilungskriterium	Ausprägungsform
Methodischer Ansatz	■ Qualitative Befragungen ■ Quantitative Befragungen
Art der Kommunikation	■ Schriftliche Befragungen ■ Persönliche Befragungen ■ Telefonische Befragungen ■ Online Befragungen
Anzahl der Untersuchungs-themen	■ Einthemenuntersuchungen ■ Mehrthemenuntersuchungen (Omnibusbefragungen)

Befragungsformen

3.2.1 Einteilung nach dem methodischen Ansatz

Eine erste, für die praktische Marktforschung äußerst wichtige Einteilung stellt die Unterscheidung zwischen quantitativen und qualitativen Befragungen dar.

Qualitative Befragungen

Als Unterscheidungskriterium wird hier der methodische Ansatz zugrundegelegt: Typisch für qualitative Befragungstechniken ist dabei, dass diese schwerpunktmäßig auf die Erkundung psychologischer und soziologischer Phänomene ausgerichtet sind, wobei die Erkenntnisse meist auf Basis einer kleinen Gruppe befragter Personen (Probanden) gewonnen werden.

Qualitative Befragungen haben entsprechend in der Regel nicht den Anspruch, ein repräsentatives Ergebnis zu ermitteln. Vielmehr werden sie häufig im Vorfeld einer repräsentativen Studie eingesetzt, um Fragestellungen zu diskutieren, Meinungen einzuholen und wichtige Einschätzungen im Hinblick auf einen neuen, noch wenig erforschten Sachverhalt treffen zu können (die dann gegebenenfalls in einer anschließenden repräsentativen Untersuchung intensiver betrachtet werden können) (vgl. Raab / Poost / Eichhorn 2009 S. 43; Fantapié Altobelli 2007, S. 43 – 55).

Dabei werden qualitative Studien ausschließlich in Form persönlicher Befragungen (Face to Face) durchgeführt, wobei sich die Befragungssituation zudem vor allem durch eine große Offenheit in der Gesprächsführung (geringer Standardisierungsgrad) sowie einen sehr hohen Anteil offener Fragen auszeichnet.

Diese typischen Merkmale einer qualitativen Technik ermöglichen es dem Probanden, eigene Schwerpunkte in der Befragung zu setzen und diese gleichzeitig mit eigenen Worten zu äußern. Aufgrund dieser freien und offenen Gesprächsform ist es wichtig, die Gespräche mit Hilfe von Tonband oder Videogeräten aufzuzeichnen.

Bei der anschließenden Analyse der Aufzeichnungen versucht der Marktforscher dann, Rückschlüsse auf subjektiv relevante Informationen der Befragten zu ziehen, beispielsweise vorhandene (Kauf-)Motive, Wünsche und Erwartungen oder die Ursachen bestimmter Verhaltensweisen und Einstellungen dieser Personen zu ergründen.

Die angeführten Untersuchungsthemen lassen bereits ein weiteres Charakteristikum qualitativer Befragungen erkennen: Der Interviewer nimmt meist die Rolle eines interessierten Zuhörers ein und versucht eine möglichst umfassende und vollständige Sammlung von Informationen zu erreichen.

Entsprechend zeichnen sich die Befragungssituationen meist durch ihre besondere Länge aus. So sind auch Interviews von mehreren Stunden keine Seltenheit, wobei diese Situation besondere Anforderungen an die Auswahl der Befragungspersonen, deren Incentivierung sowie den Aufbau und die Gestaltung der Befragungssituation stellt.

▼ Dabei kommt es – unabhängig von der Interviewlänge – insbesondere darauf an, eine vertrauensvolle Atmosphäre zwischen Interviewer und Befragten herzustellen, um eine möglichst freie, offene und ehrliche Meinungsäußerung zu simulieren.

Nach den befragten Personenkreisen lassen sich qualitative Befragungen weiter in Experten- und Konsumentenbefragungen unterteilen. Während sich die erste Form gezielt auf qualifizierte Probanden, das heißt Sachverständige und Spezialisten, konzentriert, versucht Letztere die Meinungen und Einstellungen typischer Verbraucher zu identifizieren.

Zudem ist eine Unterscheidung nach der Anzahl der befragten Personen in Einzel- und Gruppeninterviews typisch. Dabei zeichnen sich Gruppeninterviews – als Gegensatz zum Einzelinterview – dadurch aus, dass mehrere Personen (in der Regel sechs bis zehn) gleichzeitig an einer Befragung teilnehmen und das vorliegende Forschungsproblem meist unter Leitung eines geschulten Moderators diskutieren (vgl. Fantapié Altobelli 2007, S. 43 – 55).

Die folgende Übersicht stellt die Einsatzschwerpunkte und Funktionen der qualitativen Marktforschung dar:

- Strukturierung
  - ▶ Qualitative Methoden liefern eine erste Strukturierung des Untersuchungsfeldes.
  - ▶ Identifizierung und Erfassung relevanter Einflussfaktoren.
- Qualitative Prognose
  - ▶ Bei fehlendem Zahlenmaterial oder wenn sich der zu prognostizierende Sachverhalt nicht zahlenmäßig abbilden lässt.
  - ▶ Vorbereitung quantitativer Tests und Prognosen.
- Ursachenforschung
  - ▶ Einsatz vor allem bei komplexen Phänomen bzw. wenn Ursachen tabuisiert oder wenig bekannt sind.
  - ▶ Offenheit der Befragungssituation gibt ausreichend Raum für die Erfassung aller wichtigen Beurteilungsdimensionen.
- Ideengenerierung
  - ▶ Nutzung des kreativen Potenzials.
  - ▶ Offene Befragung und natürliche Kommunikationssituation stimulieren kreative Prozesse.
  - ▶ Zusätzlicher Einsatz verschiedener Kreativitätstechniken möglich.

- Screening
  - ▶ Grobauswahl von Alternativen.
  - ▶ Qualitative Auswahl sowohl bei konkreten Produkten als auch bei Ideen und Konzepten möglich.
  - ▶ Qualitative Marktforschung übernimmt dabei die Funktion einer ersten Vorselektion interessant erscheinender Ideen.

Kennzeichen und Ziele

Qualitative Befragungen sind mündliche Befragungen, die entweder persönlich oder telefonisch realisiert werden. Es geht primär um eine möglichst vollständige und unverzerrte Sammlung von Informationen zu einem interessierenden Sachverhalt. Qualitative Interviews sind in der Regel nicht oder nur teilweise strukturiert. Der Interviewer hält sich nur an einige bestimmte Regeln bezüglich der Interviewdurchführung und der konkreten Fragengestaltung. Die Befragten haben große Freiheiten in ihren Antwortmöglichkeiten. Die Dominanz offener Fragen ist charakteristisch für diese Befragungsart. Die Offenheit in der Gesprächsführung ermöglicht es den Befragten, eigene Themenschwerpunkte zu setzen und diese in eigener Wortwahl zu kommunizieren. Die inhaltliche Bandbreite der Befragten soll möglichst eingeengt werden. Ziel ist es, die Relevanz der erfragten Inhalte zu steigern.

Organisation und Durchführung

Der Aufbau einer vertrauensvollen und entspannten Atmosphäre ist maßgebend für die Ergebnisse einer qualitativen Befragung. Die Interviewersituation kommt einer alltäglichen Gesprächssituation sehr nahe. Wichtig ist, dass die Erzählbereitschaft der Befragten gefördert wird. Das Interview sollte gar nicht oder nur zum Teil standardisiert werden. Mithilfe eines *Interviewleitfadens* wird der grobe Gesprächsablauf festgelegt. Die Befragungssituation ist durch eine offene und „weiche" Gesprächsführung gekennzeichnet. Feste Frageformulierungen werden vermieden, um auf die individuellen Bedürfnisse und das Antwortverhalten der Befragten eingehen zu können. In der Regel gibt es auch keine feste Reihenfolge der Fragen. Hierbei sollte die Bedeutungsgewichtung der Befragten berücksichtigt werden.

Anforderungen an den Befragten und den Interviewer
Damit qualitative Befragungen gelingen, müssen Befragte und Interviewer bestimmten Anforderungen genügen.

- Der Befragte muss die Bereitschaft mit sich bringen,
  - sich intensiv mit dem Untersuchungsgegenstand auseinanderzusetzen,
  - sich auch für eine längere Zeit für das Interview zur Verfügung zu stellen,
  - offen und ehrlich seine Meinung zu äußern,
  - dass die eigenen Aussagen aufgezeichnet werden.

- Anforderungen an den Interviewer:
  - Der Interviewer nimmt eine zurückhaltende, interessierte Rolle ein.
  - Es ist wichtig, stimulierende Eingriffe gezielt zu platzieren.
  - Der Interviewer hat nicht die Rolle, eines neutralen Abfragers, sondern die eines interessierten Zuhörers.
  - Wichtig ist eine möglichst vollständige Aufzeichnung des Gesprächs (Gesprächsprotokoll).
  - Nichtbeeinflussung: Der Interviewer ist gehalten, die Auskunftsperson in keiner Weise zu beeinflussen; insbesondere dürfen die zugrunde gelegten Forschungshypothesen nicht erwähnt werden.
  - Tiefgründigkeit der Interviewführung: Der Interviewer darf sich nicht mit dem Offenkundigen zufriedengeben, sondern muss in der Lage sein, durch gezielte Fragen auch verdeckte Strukturen und Bedeutungen offenzulegen.
  - Wichtige Eigenschaften / Voraussetzungen: Psychologisches Geschick und Sachkenntnis in Bezug auf das Untersuchungsobjekt.

Formen qualitativer Interviews
Im Folgenden werden verschiedene Formen von qualitativen Interviews vorgestellt (exploratives Interview, psychologisches Tiefeninterview, fokussiertes Interview, Gruppendiskussion).

Bei explorativen Interviews werden Wissen, Erfahrungen, Einstellungen oder KnowHow der Befragten ermittelt. Das Interview ist durch offene, kaum standardisierte Befragungsgespräche gekennzeichnet. Ziel ist die Ermittlung subjektiv relevanter Informationen und Stellungnahmen. Explorative Interviews werden meist im Rahmen von Expertenbefragungen angewandt. Der Einsatz ist aber auch im Rahmen qualitativer Prognosen möglich. Weitere Einsatzschwerpunkte sind Ideenentwicklung und Screening.

Das psychologische Tiefeninterview ist die bekannteste Form qualitativer Interviews. Dabei geht es um die Aufdeckung bestimmter unbewusster Motivationsstrukturen und Sinnzusammenhänge. Es findet ein Intensivgespräch zwischen zwei Gesprächspartnern statt. Das Tiefeninterview ist darauf ausgerichtet, unbewusste, verborgene und nur schwer erfassbare Motive und Einstellungen zu untersuchen. In der Regel dauert diese Form von Interview mehrere Stunden. Die Durchführung erfolgt meist durch geschulte Psychologen.

Das fokussierte Interview stellt eine Ergänzung qualitativer Interviews um bestimmte Stimuli dar. Durch den Einsatz von Stimuli erfolgt eine Beschränkung des Gesprächs auf bestimmte Themen. Hierbei werden objektive Sachverhalte (Stimulusinhalte) deutlich von der durch den Befragten vorgenommenen Selektion getrennt. Beispiele sind Filme, Zeitungsartikel, Werbeanzeigen etc.

Gruppendiskussionen sind freie, qualitative Gespräche in Form eines persönlichen Interviews. Ziel ist es, durch psychologisch geschickte Fragen tiefere Einsichten in die Denk-, Empfindungs- und Handlungsweisen des Befragten zu gewinnen. Gruppendiskussionen erfolgen in der Regel halbstrukturiert auf der Grundlage einer speziellen Themenliste. Um die spontane Aussagewilligkeit der Befragten zu fördern, ist eine vertrauensvolle Atmosphäre wichtig. Folgende spezielle Frageformen sind möglich: Laddering, Einsatz projektiver Techniken, Critical Incident Technik.

Die folgende Checkliste stellt die wichtigsten Punkte der Durchführung einer Gruppendiskussion dar:

- Vorauswahl der Teilnehmer, um eine homogene Gruppe zu gewährleisten
- Problemdefinition und -spezifikation
- Entwicklung wichtiger Fragestellungen
- Festlegung der Vorgehensweise des Moderators
- Bestimmung von Ort und Zeit
- Einladung der Teilnehmer und Einholung des Einverständnisses bezüglich Aufzeichnung der Diskussion
- Durchführung der Gruppendiskussion
- Auswertung der aufgezeichneten Informationen
- Zusammenfassung der Ergebnisse
- Ableitung von Handlungsempfehlungen

Folgende Prinzipien, die gewährleisten, dass die aus der Gruppe kommenden Impulse sich entfalten können, sichern den Erfolg einer Gruppendiskussion:

- Der Orientierungsrahmen des Themas wird lediglich initiiert und es werden keine Propositionen vorgegeben.
- Fragestellungen werden demonstrativ vage gehalten, um den Probanden in der Gruppe zu signalisieren, dass die Gruppenleitung weder konkrete Erwartungshaltungen hat, noch inhaltlich in die Diskussion hineinregiert.
- Die gesamte Gruppe ist Adressat von Interventionen und es findet kein Eingriff in die Verteilung der Redebeiträge statt. Diese Zurückhaltung der Leitung bietet den Teilnehmern Gelegenheit, sich selbst zu organisieren.
- Gezieltes Fragen und Nachfragen regt die Probanden zu detaillierten Beschreibungen und Erzählungen an.
- Immanentes Nachfragen priorisiert bereits gegebene Themen.
- Exmanentes Nachfragen gibt bisher nicht behandelten Themen Raum.
- Widersprüchliche oder auffällig erscheinenden Themen sind in der Regel besonders aussagekräftig und werden daher direkt angesprochen und aufgegriffen.

Der Vorteil einer Gruppendiskussion liegt darin, dass ein breites Spektrum von Meinungen, Ansichten und Ideen gewonnen wird.

Die Interaktionen führen zu geringeren Hemmungen der Teilnehmer und spontaneren Äußerungen sowie zu höherer Auskunftsbereitschaft (Kleingruppeneffekte). Mimik, Gestik und Köperhaltung können als beobachtbare Reaktionen herangezogen werden. Aufgrund der Aufzeichnung ist eine Wiederholbarkeit möglich. Die Nachteile einer Gruppendiskussion können z.b. dann in den Eigenschaften des Moderators liegen. Ist ein Moderator zu dominant, kann sich dies negativ auf die Gruppendiskussion auswirken. Diese Form der Befragung ist rein qualitativ. Darüber hinaus besteht keine Repräsentativität der Ergebnisse. Diese sind vielfältig interpretierbar. Die Substanz der Aussagen ist teilweise unklar. Es besteht die Gefahr der „oberflächlichen" Auswertung.

Datenanalyse bei qualitativen Daten

Qualitative Erhebungen produzieren vergleichsweise „weiche" Daten, welche sich in der Regel nicht mithilfe quantitativer Verfahren auswerten lassen. Meist erhält man eine Fülle von audiovisuellem und textlichem Material, welches transkribiert, geordnet und ausgewertet werden muss. Quantitative Auswertungstechniken besitzen für sozialwissenschaftliche Probleme nur eine begrenzte Aussagekraft. Deshalb werden sie häufig nur interpretativ ausgewertet. Das wichtigste Verfahren ist die qualitative Inhaltsanalyse.

Gegenstand der qualitativen Inhaltsanalyse kann jede Art von aufgezeichneten Kommunikationsvorgängen sein (Dokumente, Gesprächsprotokoll, Audio- und Videobänder). Dabei werden nicht nur die Inhalte, sondern auch formale Aspekte des Materials ausgewertet.

Berücksichtigt werden vor allem die folgenden Aspekte:
- Ziel der Analyse
- Merkmal des Textproduzenten (befragte Person): beispielsweise Erfahrungen, Einstellungen
- Entstehungssituation des Materials

Die Auswertung erfolgt systematisch und nach bestimmten Regeln. Ziel ist es, nachvollziehbare und verallgemeinerbare Ergebnisse zu erhalten. Hierzu wird das Material meist in Analyseeinheiten zerlegt und dann schrittweise bearbeitet.

Der allgemeine Ablauf besteht aus vier Phasen:

- Transkription: Übertragung der Aufzeichnung jeglicher Art in geschriebene Texte.
- Einzelanalyse: Die einzelnen Fälle (Interviews etc.) werden im Detail untersucht. Ziel ist es, den Text zu strukturieren und bestimmten Kategorien zuzuordnen (Verfahren: Induktive und / oder deduktive Kategorienbildung).
- Generalisierende Analyse: Ergebnisse der Einzelanalyse bilden die Grundlage für die generalisierende Analyse. Ziel ist die Identifikation der Gemeinsamkeiten und Unterschiede zwischen den einzelnen Fällen.
- Kontrolle: Aufgrund des interpretativen Ansatzes sind Fehlinterpretationen nicht ausgeschlossen. Daher ist die abschließende Kontrolle der Ergebnisse empfehlenswert.

Die qualitative Inhaltsanalyse erlaubt die Auswertung der in der Sozialforschung häufig vorkommenden „weichen" Daten. Sie erfüllt die Standards eines methodisch kontrollierten Vorgehens. Auf diese Weise genügen die Ergebnisse den spezifischen Gütekriterien.

Allerdings sind der qualitativen Inhaltsanalyse auch gewisse Grenzen gesetzt:

- Grenzen finden sich insbesondere dort, wo der Untersuchungscharakter rein explorativ ist und die systematische, regelgeleitete Vorgehensweise der qualitativen Inhaltsanalyse nicht angemessen erscheint.
- Insbesondere bei wenig strukturierten, offenen Untersuchungsgegenständen kann sich die Bildung und Nutzung fester Kategorien sogar als einschränkend erweisen.

Quantitative Befragungen

Im Gegensatz zu qualitativen Befragungen zielen quantitative Untersuchungsansätze darauf ab, eine Vielzahl statistisch auswertbarer Daten zu erhalten. Auf diese Weise wird es möglich, die identifizierten Erkenntnisse aus der Stichprobe auch auf die interessierende Grundgesamtheit zu übertragen.

Eine weitere wichtige Abgrenzung zur qualitativen Befragungsmethodik besteht darin, dass quantitative Befragungen sich durch einen hohen Standardisierungsgrad auszeichnen.

Zudem besteht die Möglichkeit, eine quantitative Studie neben einer persönlichen Befragung auch in Form einer schriftlichen, telefonischen oder Online-Befragung durchzuführen (vgl. Fantapié Altobelli 2007, S. 36-37).

Einteilung nach der Art der Kommunikation 3.2.2

Nach der Art der Kommunikation kann grundsätzlich zwischen persönlichen, schriftlichen, telefonischen und Online-Befragungen unterschieden werden.

Persönliche Befragung

Charakteristisch für die persönliche Befragung, synonym wird häufig auch die Bezeichnung der Face-to-Face-Befragung verwendet, ist der unmittelbare persönliche Kontakt zwischen dem Marktforscher bzw. Interviewer und dem Probanden.

Dabei stellt der Interviewer nicht nur den Kontakt zu den Auskunftspersonen her, sondern er führt diese auch durch die Untersuchungssituation, indem er die Fragen mündlich stellt und die Antworten der Testpersonen notiert.

Persönliche Befragungen finden häufig auf der Straße, in Einkaufszentren oder im Rahmen von Freizeitangeboten (Freizeitparks, Events etc.) statt. Neben herkömmlichen, so genannten „Paper-Pencil-Befragungen", bei denen der Interviewer die Antworten handschriftlich notiert, werden auch persönliche Befragungen heute zunehmend computergestützt durchgeführt, sodass sich die Bezeichnung CAPI (= Computer Assisted Personal Interview) fest etabliert hat.

Ein besonderer Vorteil persönlicher Befragungen ist die Möglichkeit, aus dem unmittelbaren Kontakt heraus direkt auf Rückfragen und Verständnisschwierigkeiten zu reagieren. Zudem können vor allem geschulte und erfahrene Interviewer aus der Gestik, Mimik oder der Sprache ihrer Interviewpartner zusätzliche Hinweise ziehen.

Allerdings stehen diesen Möglichkeiten vergleichsweise hohe Kosten als Nachteil gegenüber. Zudem sind mögliche Interviewer-Effekte zu berücksichtigen, die auftreten, wenn die Auskunftspersonen sich in ihrem Antwortverhalten (bewusst oder unbewusst) durch die Befragungssituation und / oder den Interviewer beeinflussen lassen.

Die folgende Abbildung fasst die Vor- und Nachteile einer persönlichen Befragung zusammen:

Vorteile	Nachteile
■ Hilfestellungen möglich	■ Hoher Durchführungsaufwand
■ Hohe Erfolgs- bzw. Rücklaufquote	■ Erreichbarkeit der Befragten stellt ein Problem dar
■ Nachfragen und Nachhaken möglich	■ Hohe Kosten
■ Grundsätzlich alle Vorteile einer Standardisierung (Handling, Auswertung, Vergleichbarkeit, geringe Interpretationsspielräume etc.)	■ Vielfältige Interviewereinflüsse möglich
	■ Unterschiedliches Wortverständnis zwischen Interviewer und Testpersonen
■ Anforderungen an Qualifikation des Interviewers zum Teil geringer im Vergleich zu qualitativen Interviews	■ Sozial erwünschtes Antwortverhalten verfälscht die Ergebnisse

Vor- und Nachteile der persönlichen Befragung

Schriftliche Befragung

Im Rahmen der schriftlichen Befragung wird ein Fragebogen erarbeitet, welcher von den Probanden selber auszufüllen ist. Demnach eignet sich diese Form der Befragung für quantitative Erhebungen in größerem Umfang zu Themen mit geringem Erklärungsbedarf.

Diese Befragungsform ist typisch für beispielsweise Kundenbefragungen und wird in den meisten Fällen postalisch versandt. Alternativ können die Fragebögen auch persönlich verteilt werden oder sie werden den anvisierten Probanden in Form von Beilagen in Zeitschriften oder Zeitungen zugeteilt.

Von Vorteil sind hierbei vor allem die geringen Kosten sowie das schnelle und einfache Handling. Jedoch fehlt die Kontrolle über die Befragungssituation (Wer füllt den Fragebogen aus?; Wann wird er ausgefüllt?; Wird er mit Sorgfalt ausgefüllt?). Zudem gibt es im Falle möglicherweise auftretender Verständnisschwierigkeiten nicht die Möglichkeit, Rückfragen zu stellen.

▶ **Entsprechend wichtig ist es, vor allem bei schriftlichen Befragungen, die Fragen einfach und unmissverständlich zu formulieren.**

Grund-formen	Einzeltypen	Zustellung der Fragebögen	Rückgabe der Fragebögen	Ablauf
Schriftliche Befragung mit persönlicher Unterstützung	Klassenzimmer-interview	Durch Mitarbeiter des Veranstalters	An Mitarbeiter des Veranstalters	kontrolliert
	Einzelinterview			
	Einzelbefragung in Form von Panel-/ Tagebucherhebung		An Mitarbeiter des Veranstalters oder postalisch	unkontrolliert
Schriftliche Befragung ohne persönliche Unterstützung	Zeitungen, Zeitschriften oder Gebrauchsanleitungen gesteuerte Befragung	Beilage oder Eindruck	postalisch	
	Postalische Befragung	postalisch		

Schriftliche Befragungen

Insbesondere wenn die Untersuchung ohne persönliche Unterstützung durchgeführt wird, besteht eine typische Schwierigkeit schriftlicher Befragungen darin, eine ausreichend große Stichprobe zu realisieren.

Da der Stichprobenumfang unmittelbaren Einfluss auf die Repräsentativität der Studie hat, ist es entsprechend wichtig, diesem Problem bestmöglich vorzubeugen bzw. es einzudämmen.

Die folgenden Vorschläge liefern hierzu geeignete Ansatzpunkte (vgl. Friedrichs 1990, S. 241 – 242):

- Die Studie sollte im Vorfeld des Versands der Fragebögen angekündigt werden. Erfolg versprechend ist dabei vor allem eine persönliche bzw. telefonische Kontaktaufnahme mit den relevanten Auskunftspersonen.

- Der Sinn und Zweck der Umfrage ist nachvollziehbar zu begründen und die künftige Verwendung der Ergebnisse ist zu schildern. Auf diese Weise sollen die befragten Personen die Relevanz ihrer Teilnahme erkennen.

- Das Ausfüllen der Unterlagen sollte für die Befragten maximal vereinfacht und nutzerfreundlich gestaltet werden. Dabei kommt vor allem dem Anschreiben eine besondere Bedeutung zu. Dieses sollte folgende Informationen enthalten:

  - Offizieller Briefkopf der durchführenden Institution.
  - Untersuchungsthema und Untersuchungszweck.
  - Begründung der Auswahl des Befragten für die Untersuchung.
  - Anleitung zur Durchführung der Befragung (z.B. *„Erinnern Sie sich an Ihren letzten Urlaub und schreiben Sie spontan alles auf, was Ihnen bei Ihrer Unterbringung im Hotel wichtig ist."* Oder: *„Bitte machen Sie für jede Frage nur ein Kreuz in der Kategorie, die Ihre Meinung am besten widerspiegelt."*).
  - Zeitliche Daten der Untersuchung: Dauer der Untersuchung (z.B. *„Das Ausfüllen des Fragebogens wird nicht länger als zehn Minuten in Anspruch nehmen."*) sowie Rücksendedatum, wobei es hierbei wichtig ist, dieses Datum genau zu fixieren (*„Bitte schicken Sie den ausgefüllten Fragebogen bis spätestens 09. August an uns zurück."*). Die Angabe eines Zeitraums, der für die Beantwortung zur Verfügung steht (z.B. *„Bitte schicken Sie den Fragebogen innerhalb der nächsten zwei Wochen an uns zurück."*) ist an dieser Stelle ungünstig, da diese Zeitangabe von den Befragten verlangt, dass sie sich selbst merken und erinnern, wann sie den Fragebogen erhalten haben.
  - Ansprechpartner und Kontaktdaten für Rückfragen.

▶ Zusicherung der Vertraulichkeit der Untersuchung.

▶ Dank für die Teilnahme an der Befragung.

▪ Für das Ausfüllen der Fragebögen können verschiedene Anreize (Incentives) geboten werden, z.B. Gewinnspiele, Give-aways.

▪ Besonders in der industriellen Marktforschung werden die Befragten häufig zur sorgfältigen Beantwortung und Rücksendung der Fragebögen motiviert, wenn der Endbericht der Studie den Probanden vollständig oder in Auszügen zur Verfügung gestellt wird.

▪ Es sollte unbedingt ein adressierter und frankierter Rückumschlag beigelegt werden.

▪ Die Rücklaufquote lässt sich zudem durch eine Nachfassaktion erhöhen, die sowohl telefonisch als auch schriftlich erfolgen kann. Dabei kommt es darauf an, die Zielgruppe an die Studie zu erinnern und ihnen die Bedeutung ihrer Teilnahme aufzuzeigen. (Es sollte deutlich werden, dass eine Nichtteilnahme zu einer Beeinträchtigung der Aussagekraft der Ergebnisse führt.)

Telefonische Befragung

Im Rahmen der telefonischen Befragung ruft der Interviewer die zu befragende Person an und fordert diese auf, die von ihm gestellten Fragen zu beantworten. Meist wird diese Form der Befragung computergestützt durchgeführt (CATI = Computer Aided Telephon Interview). Besonders eignet sich diese Form der Befragung im Rahmen von Blitzumfragen zu aktuellen Themen oder zu Erhebungen in größerem Umfang.

Telefonische Befragungen haben den Vorteil, dass der Zeitbedarf im Vergleich zu den übrigen Befragungsformen am geringsten ausfällt. Zudem lassen sich Telefoninterviews im Vergleich zu persönlichen Befragungen zu deutlich geringeren Kosten realisieren.

Allerdings ist die Flexibilität telefonischer Befragungen eher als gering einzustufen. Neben zeitlichen Restriktionen (Telefoninterviews sollten nicht länger als maximal zehn bis 15 Minuten dauern), richtet sich diese Einschränkung vor allem auf die Themen und Frageformen. So sollten umfangreiche Fragenkomplexe, offene Fragestellungen sowie breit gefächerte Antwortmöglichkeiten vermieden werden.

Zudem entfällt die Möglichkeit, visuelle Hilfsmittel (z.B. Bilder, Vorlagen von Anzeigen oder Verpackungsformaten) einzusetzen oder den persönlichen Kontakt zwischen den Interviewpartnern selbst als zusätzliche Informationsquelle zu verwenden (vgl. Fantapié Altobelli 2007 S. 40 – 41).

Die folgende Abbildung stellt die Vor- und Nachteile einer telefonischen Befragung zusammenfassend dar:

Vorteile	Nachteile
■ Die durch das Telefon geschaffene Distanz reduziert den Interviewereinfluss	■ Geringe Auskunftsbereitschaft der Befragten in der relativ anonymen Befragungssituation
■ Kostengünstige Befragungsform	■ Keine Erfassung non-verbaler Reaktionen
■ Zeitliche Flexibilität	■ Fragethematik eingeschränkt
■ Abbruchmöglichkeit mit Fortsetzung zu späterem Zeitpunkt	■ Probleme der schwierigen telefonischen Erreichbarkeit bestimmter Personengruppen beinträchtigen die Repräsentativität der Stichprobe
■ Möglichkeit für Rückfragen	
■ Zeitersparnis durch die schnelle Verfügbarkeit der Ergebnisse	

Vor- und Nachteile der telefonischen Befragung

Online-Befragung

Aufgrund der flächendeckenden Verbreitung des Internets stellen mittlerweile auch Online-Umfragen eine sinnvolle Alternative zu den zuvor angeführten drei Befragungsformen dar. Diese werden meist als E-Mail-Umfrage oder www-Umfrage durchgeführt.

Im Wesentlichen entspricht die E-Mail-Umfrage der schriftlichen Befragung, wobei der Fragebogen hier mithilfe einer E-Mail versendet wird. Bei einer www-Umfrage wird man über einen Hyperlink auf den Fragebogen verwiesen.

Die Befragung selbst erfolgt auf Grundlage eines interaktiv gestalteten Fragebogens, den der Proband online am Bildschirm ausfüllt. Mittlerweile gibt es hierzu zahlreiche Software-Lösungen, die die Gestaltung und Programmierung der Online-Fragebögen ermöglichen.

Im Vergleich zu den anderen Befragungsformen zeichnen sich Online-Umfragen vor allem dadurch aus, dass die neue Kontaktmethode vielfältige Möglichkeiten bietet, auch Bilder, Musik oder Videos in die Fragebögen zu integrieren und gleichzeitig interaktiv auf die Antworten der Probanden zu reagieren. Zudem lässt die anonyme Befragungssituation ein ehrliches Antwortverhalten der Probanden erwarten.

Allerdings lässt sich der in der Vergangenheit vielfach diskutierte Zweifel an der Repräsentativität von Online-Umfragen immer noch nicht ganz entkräften. Zwar relativiert sich dieser Nachteil aufgrund der zunehmenden Verbreitung des Internets. Dennoch gilt es auch heute noch zu berücksichtigen, dass die Teilnehmer einer Online-Umfrage im Durchschnitt jünger und tendenziell technik-affiner sind als der repräsentative Bevölkerungsdurchschnitt (vgl. Raab / Poost / Eichhorn 2009 S. 69).

Im Folgenden werden die Vor- und Nachteile einer Online-Umfrage zusammenfassend dargestellt:

Vorteile	Nachteile
▪ Kostengünstige Befragungsform	▪ Mangelnde Kontrolle der Befragungssituation
▪ Hohe Reichweite	▪ Gefahr unseriöser Antworten im Schutz der Anonymität des Internets
▪ Schnell, große Fallzahlen erzielbar	
▪ Durch räumliche und zeitliche Ungebundenheit können auch schwer zu erreichende Personen befragt werden	▪ Oftmals unzureichende Informationen über die Grundgesamtheit
▪ Kein Interviewereinfluss	▪ Gefahr der Verzerrung durch Selbstselektion der Teilnehmer
▪ Möglichkeit, ergänzende Materialien vorzuführen (3-D-Darstellung, Videos, Sound)	

Vor- und Nachteile der Online-Befragung

Hier nochmals eine Übersicht der wichtigsten Vor- und Nachteile der verschiedenen Befragungsformen:

	Vorteile	Nachteile
Schriftlich	■ Abdeckung eines großen räumlichen Gebietes ■ Niedrige Kosten, wenn Interesse seitens der Stichprobe und damit eine hohe Rücklaufquote zu erwarten ist ■ Keine Beeinflussung durch Interviewer (Interviewer-Effekt)	■ Nur Personen erreichbar, deren Adresse bekannt ist ■ Rücklauf- und Erfolgsquoten von nur fünf bis 30 Prozent ■ Frageumfang ist limitiert, tabuisierte Themenstellung wenig erfolgreich ■ Keine Kontakte der Ausfüllsituation, dadurch weniger repräsentativ (Wer füllt aus?) ■ Keine Kontrolle der Reihenfolge der Fragebeantwortung sowie des situativen Umfeldes und dessen Einfluss
Mündlich	■ Hohe Erfolgsquote, dadurch hohe Repräsentativität der Ergebnisse ■ Fragebogenumfang und -inhalt kaum eingeschränkt ■ Befragungstaktisches Instrumentarium (Frageformen und -reihenfolge) bestmöglich einsetzbar ■ Befragungssituation weitgehend kontrollierbar ■ Zusätzliche Informationen zu Spontaneität oder emotionalen Reaktionen erhebbar	■ Hohe Kosten ■ Interviewer-Effekt: Verzerrungen durch Situation und Einfluss des Interviewers
Telefonisch	■ Sehr kurzfristig einsetzbar ■ Geringere Kosten als bei mündlicher Befragung	■ Durch Anonymität des Interviewers und fehlenden Sichtkontakt Einschränkung der Befragungsthemen und bei Verwendung von Hilfsmitteln (keine optischen Hilfen möglich)

Online	▪ Relativ geringe Kosten	▪ Rücklaufquoten ggf. gering
	▪ Schnelle Kontaktierung von Befragten per E-Mail bzw. Internetseite (Zeitvorteil)	▪ Oftmals unzureichende Information über die Grundgesamtheit
	▪ Hohe Reichweite und Möglichkeit der Ansprache internationaler Zielgruppen	▪ Repräsentativität ggf. eingeschränkt – Selbstselektion von Internetnutzern
	▪ Automatische Erfassung der Daten	▪ Keine Kontrolle der Ausfüllsituation
		▪ Antwortverzerrung aufgrund von Anonymität der Befragten

Kritische Beurteilung der verschiedenen Befragungsformen
(Meffert / Burmann / Kirchgeorg 2008, S. 159)

Einteilung nach der Anzahl der Untersuchungsthemen

3.2.3

Die verschiedenen Untersuchungsformen können auch nach der Anzahl der Untersuchungsthemen gegliedert werden. Nach diesem Kriterium lassen sich Einthemenbefragung (synonym wird auch von Spezialbefragungen gesprochen) und Mehrthemenbefragungen (so genannte Omnibusbefragungen) unterscheiden.

Die jeweils charakteristischen Merkmale dieser beiden Befragungsformen lassen sich bereits aus ihren Bezeichnungen herleiten. Während sich eine Einthemenbefragung nur mit einem einzigen Befragungsgegenstand befasst, werden die Auskunftspersonen bei einer Omnibusbefragung gleichzeitig zu unterschiedlichen Themengebieten befragt.

Ein solcher Ansatz wird meist gewählt, wenn sich gleichzeitig verschiedene Auftraggeber an einer Befragung beteiligen. Die verschiedenen Inhalte werden dann themenbezogen sortiert und in Blöcke eingeteilt, wobei die Anzahl der Fragen pro Auftraggeber respektive Thema dabei natürlich sehr begrenzt ist, um den Gesamtumfang der Untersuchung nicht zu groß werden zu lassen (vgl. vgl. Raab / Poost / Eichhorn 2009 S. 39 – 40).

	Spezialbefragung	Omnibusbefragung
positiv	■ Schnell durchführbar ■ Nur auf das Unternehmen beschränkt ■ Keine Ablenkung vom Thema ■ Testpersonen sind schnell zu finden ■ Zahlreiche Fragen möglich	■ Relativ kostengünstig durch Splittung der Befragungskosten auf mehrere Auftraggeber ■ Abwechslungsreiche Gestaltung der Befragung durch unterschiedliche Themen möglich ■ Geringe Gefahr von Lerneffekten
negativ	■ Relativ hohe Kosten	■ Zahl der Fragen für Themenblöcke sehr begrenzt ■ Wechselseitige Beeinflussung durch Fragen ■ Hoher Umfang der Befragung kann bei den Testpersonen zu Ermüdungserscheinungen und gegebenenfalls zum Abbruch führen

Einthemen- vs. Mehrthemenbefragungen

So gewinnen Sie aus Ihrer Befragung tragfähige Erkenntnisse

■ Die Befragung ist die am weitesten verbreitete Form der Primärforschung.

■ Dabei können sehr unterschiedliche Befragungsformen zum Einsatz kommen, die nach verschiedenen Kriterien klassifiziert werden können.

■ Während eine Einteilung nach dem methodischen Ansatz zu der Unterscheidung zwischen quantitativen und qualitativen Untersuchungen führt, werden nach der Art der Kommunikation schriftliche, persönliche, telefonische und Online-Befragungen unterschieden, wobei sich diese verschiedenen Befragungsformen zudem nach ihrem

Themenumfang in Einthemen- vs. Mehrthemenbefragungen unterscheiden lassen.

Folgende Hinweise erleichtern den Einsatz der verschiedenen Befragungsformen:

- Insbesondere qualitative Befragungen stellen besondere Anforderungen an den Interviewer bzw. Diskussionsleiter. Dieser sollte vor allem die folgenden Anforderungen berücksichtigen:

  - Der Interviewer sollte eine zurückhaltende, interessierte Rolle einnehmen. Es ist wichtig, stimulierende Eingriffe gezielt zu platzieren, um die Teilnehmer zu weiteren intensiven Diskussionen zu motivieren.

  - Der Interviewer hat nicht die Rolle eines neutralen Abfragers, sondern die eines interessierten Zuhörers.

  - Nichtbeeinflussung: Der Interviewer ist gehalten, die Auskunftsperson in keiner Weise zu beeinflussen; insbesondere dürfen die zugrunde gelegten Forschungshypothesen nicht erwähnt werden.

  - Tiefgründigkeit der Interviewführung: Der Interviewer darf sich nicht mit dem Offenkundigen zufrieden geben, sondern muss in der Lage sein, durch gezielte Fragen auch verdeckte Strukturen und Bedeutungen offen zu legen.

  - Wichtige Eigenschaften / Voraussetzungen eines Interviewers sind demnach neben seinem psychologischen Geschick auch Sachkenntnis in Bezug auf das Untersuchungsobjekt.

- Der Erfolg einer schriftlichen Befragung hängt stark von der Rücklaufquote ab. Entsprechend müssen bereits im Vorfeld der Untersuchung geeignete Maßnahmen unternommen werden, um die Probanden zur sorgfältigen Beantwortung der Fragen und zur Rücksendung des Fragebogens zu motivieren. Neben dem Fragebogen selbst (einfache Fragen, geringe Befragungsdauer etc.) sind auch eine vorherige Kontaktaufnahme mit den Zielpersonen, sowie das Anschreiben und die Organisation des Rückversands dabei wichtige Erfolgsfaktoren.

- Bei Online-Befragungen ist zu beachten, dass die Teilnehmer meist jünger und technik-affiner sind als der Bevölkerungsdurchschnitt. Demnach sollte die Stichprobe durch Vergleiche mit anderen Studien bzw. über Experten validiert und gegebenenfalls gewichtet werden.

- Im Rahmen persönlicher und telefonischer Befragungen sollten nicht nur das gesprochene Wort der Probanden, sondern auch Kommentare zwischen den Zeilen notiert werden. Auch Gründe für eine Befragungsverweigerung sollten als Zitat aufgenommen werden. Diese zusätzlichen Informationen müssen unbedingt mit in die Auswertung einbezogen werden, um z.B. mögliche Verzerrungseffekte zu identifizieren oder die gewonnenen Erkenntnisse weiter interpretieren zu können.

- Bei der Planung einer Mehrthemenbefragung (Omnibusbefragung) ist vor allem auf die Zielgruppenkongruenz sowie auf die Überschneidungsfreiheit der einzelnen Befragungsthemen zu achten. Zudem kann pro Auftraggeber respektive Themenblock nur eine sehr begrenzte Anzahl an Fragestellungen in die Untersuchung aufgenommen werden, um den Aufwand der Befragung insgesamt in Grenzen zu halten.

3.3 | Entwicklung des Fragebogens

Sowohl bei quantitativen als auch bei qualitativen Befragungen spielt die Entwicklung des Fragebogens bzw. des Interviewleitfadens eine entscheidende Rolle. Im Folgenden gilt es, die hierfür wichtigsten Aspekte aufzuzeigen, wobei in diesen Ausführungen ein deutlicher Schwerpunkt auf einen quantitativen Befragungsansatz gelegt wird.

Bei der Entwicklung eines Fragebogens erweist es sich als hilfreich, die folgenden Schritte zu beachten:

Gestaltung eines Fragebogens

Festlegung der Befragungsstrategie und der Frageinhalte

3.3.1

In einem ersten Schritt der Fragebogenerstellung werden Fragen gesammelt, die in die Befragung einfließen sollen. Der in der Definitionsphase ermittelte Informationsbedarf und die identifizierten Forschungsfragen bilden hier den Ausgangspunkt.

Die Sammlung relevanter Fragen (auch als Item-Sammlung bezeichnet) verläuft zunächst nur auf einer inhaltlichen Ebene. Die exakte Formulierung sowie die Festlegung möglicher Antwortkategorien werden erst in einem folgenden Schritt optimiert.

Verschiedene Quellen können hier sinnvoll unterstützen:

- Nutzung vorhandener Fragebögen aus vergleichbaren Studien,
- eigene Erfahrungen aus vergangenen Marktforschungsprojekten sowie durch Alltagsbeobachtung,

- Auswertungen von Voruntersuchungen (Gruppendiskussionen mit Personen aus der Zielgruppe),
- Expertenbefragungen,
- Literaturstudium in sehr umfassender Weise,
- Nutzung psychologischer Theorien.

Sind die Inhalte der Fragen geklärt, muss eine Entscheidung in Bezug auf die Befragungsstrategie getroffen werden. Hier lassen sich folgende Befragungsformen unterscheiden:

- Hochstandardisierte Interviews sind für alle Testpersonen identisch. Wortlaut, Reihenfolge, Anzahl der Fragen und Interviewtechnik werden im Vorfeld genau festgelegt und der Fragebogen enthält hauptsächlich geschlossene Fragen.
- Teilstandardisierte Untersuchungen werden anhand eines Interviewleitfadens durchgeführt. Der Interviewer hat allerdings die Möglichkeit, den Interviewablauf zu verändern, um stärker auf interessante Themen eingehen zu können. Diese Befragungsstrategie wird in der Regel für Expertenbefragungen eingesetzt.
- Bei nichtstandardisierten Untersuchungen sind lediglich Untersuchungsziel und Untersuchungsthema festgelegt. Der Interviewer hat dabei absolute Variationsfreiheit in der Interviewgestaltung. Zudem zeichnen sich nichtstandardisierte Befragungen durch einen Großteil offener Fragen aus.

Die folgende Tabelle zeigt, in welchen Situationen die unterschiedlichen Befragungsstrategien typischerweise eingesetzt werden:

Hochstandardisiert	Teilstandardisiert	Nichtstandardisiert
■ Panelbefragung	■ Expertenbefragung	■ Expertenbefragung
■ Online-Befragung	■ Gruppenbefragung	■ Informelles Gespräch
■ Telefonische Befragung	■ Leitfadengespräch	■ Gruppendiskussion
■ Schriftliche Befragung	■ Fokusgruppe	

Befragungsstrategien

Festlegung der Frageformen und der Antwortmöglichkeiten

Ausgehend von der Definition der relevanten Frageninhalte und der festgelegten Befragungsstrategie sind Entscheidungen über die Frageformen sowie die korrespondierenden Antwortmöglichkeiten zu treffen.

In Bezug auf den zu ermittelnden Inhalt der Frage ist zunächst zwischen direkten und indirekten Fragen zu unterscheiden:

- **Direkte Fragen:** Der interessierende Sachverhalt soll ohne Umschweife ermittelt werden. Die Auskunftspersonen sind sich über Zielsetzung der Fragestellung im Klaren.

  Beispiel für eine direkte Frage: „Wie oft haben Sie die Zeitschrift ‚Body and Fit‘ bereits gelesen?"

- **Indirekte Fragen:** Der interessierende Sachverhalt wird auf Umwegen ermittelt. Durch psychologisch geschickte Formulierungen veranlasst man die Befragten, Auskünfte zu geben, die sie bei einer direkten Frage wahrscheinlich nicht oder nur verzerrt angeben würden.

  Beispiel für eine indirekte Frage: Um den sozialen Hintergrund einer Person zu erfahren wird häufig nicht direkt nach dem Einkommen gefragt, da zu befürchten ist, dass einige Probanden die Antwort auf diese Frage verweigern bzw. bewusst falsche Angaben machen. Aus diesem Grund wird alternativ nach dem Beruf dieser Personen gefragt, um auf diese Weise indirekt Rückschlüsse auf die soziale Stellung der Probanden ziehen zu können.

In Bezug auf die Form der Frage und das gewünschte Antwortverhalten des Befragten sind offene, geschlossene und halboffene Fragen zu unterscheiden.

■ **Offene Fragen:** Bei offenen Fragen wird nur die Frage selbst vorgelesen. Es gibt keine Antwortkategorien, sodass die Befragungspersonen in ihren eigenen Worten antworten. Der Interviewer (sofern es ihn gibt) protokolliert die Aussagen der befragten Personen möglichst wörtlich. Der Einsatzschwerpunkt offener Fragestellungen liegt im Rahmen qualitativer Untersuchungen.

Beispiel für eine offene Frage: „Wodurch könnte sich die Zeitschrift ‚Body and Fit' aus Ihrer Sicht in Zukunft noch weiter verbessern?"

■ **Geschlossene Fragen:** Es werden Antwortmöglichkeiten vorgegeben. Die Testperson muss sich für eine (oder mehrere) Antwortmöglichkeiten entscheiden. Unterschieden werden Alternativfragen und Multiple-Choice-Fragen.

▶ **Alternativfragen:** Bieten zwei Antwortmöglichkeiten, zwischen denen sich der Proband entscheiden muss (Spezialform: Ja-Nein-Fragen).

Beispiel für eine Alternativfrage: „Woher beziehen Sie die Zeitschrift „Body and Fit"?"
- Ich bin Abonnent der Zeitschrift ❑
- Ich kaufe Einzelhefte im Handel ❑

▶ **Multiple-Choice-Fragen (Mehrfachantworten):** Bieten gleichzeitig mehrere Antwortkategorien zur Auswahl. Je nach Untersuchungsdesign werden Probanden in ihrem Antwortverhalten eingeschränkt oder können frei bestimmen, wie viele Antworten sie geben.

Beispiel für eine Multiple-Choice-Frage ohne Antwortbegrenzung: „Welche weiteren Quellen / Medien nutzen Sie, um sich über Wellness- und Lifestyle-Themen zu informieren (Mehrfachnennung möglich)?"

- Internet ☐
- TV ☐
- Tageszeitungen ☐
- Andere Zeitschriften ☐
- Persönliche Gespräche ☐

Beispiel für eine Multiple-Choice-Frage mit begrenzter Anzahl an Antwortmöglichkeiten: „Im Folgenden möchten wir gerne wissen, welche weiteren Themen / Inhalte Sie sich zukünftig in der ‚Body and Fit' wünschen würden. Bitte kreuzen Sie die drei, für Sie wichtigsten, Themen an."

- Mode ☐
- Reisen / Urlaub ☐
- Promis ☐
- Diäten ☐
- Beruf und Karriere ☐
- Kindererziehung ☐
- Wohnen ☐
- Beziehungen / Liebe ☐
- Gesundheit / Medizin ☐

■ **Halboffene Fragestellungen:** Halboffene Fragen erwachsen eher aus Entscheidungsschwierigkeiten des Fragebogenentwicklers, kommen aber in der Praxis sehr häufig vor. Einer an sich geschlossenen Frage wird eine zusätzliche Kategorie angehängt, die wie eine offene Frage beantwortet werden kann.

Beispiel für eine halboffene Frage: „Was machen Sie in Ihrer Freizeit am liebsten?"

- Fußballspielen ☐
- Tanzen ☐
- Gymnastik ☐
- Joggen ☐
- Lesen ☐
- Sonstiges, und zwar _____ ☐

Des Weiteren sind Skalafragen als spezielle Art von geschlossenen Fragestellungen zu nennen. Die Antwortmöglichkeiten sind für die Testpersonen dabei auf eine einzige Nennung beschränkt.

Skalafragen werden vor allem eingesetzt, um psychische, nicht beobachtbare Merkmale einer Person (z.B. Einstellungen, Präferenzen) zu messen.

Die Skala ist dabei das Ziffernblatt des Messinstruments, an dem die jeweilige Merkmalsausprägung zahlenmäßig abgelesen werden kann. Sie misst nicht nur das Vorhandensein eines bestimmten Sachverhalts, sondern auch dessen Intensität. Zu diesem Zweck müssen den Merkmalsausprägungen konkrete Skalenwerte zugeordnet werden.

Beispiel für eine Skalafrage: „Wie stark interessieren Sie sich für Mode?"

sehr stark				überhaupt nicht
1	2	3	4	5
❑	❑	❑	❑	❑

In den folgenden Ausführungen widmen wir uns noch etwas genauer dem Thema der Skalafragen und erklären, nach welchen Richtlinien Merkmalsausprägungen gemessen werden können:

📩 **Diese Richtlinien, nach denen einer bestimmten Merkmalsausprägung ein klar definierter Wert zugeordnet wird, sind im so genannten Mess- oder Skalenniveau festgelegt.**

Das Skalenniveau der einzelnen Variablen hat eine wichtige Bedeutung im Bereich der Marktforschung, da es sowohl die Aussagekraft der Ergebnisse, als auch die anwendbaren Datenanalyseverfahren beeinflusst bzw. festlegt.

In Abhängigkeit von ihren mathematischen Eigenschaften können vier Skalentypen unterschieden werden (vgl. Fantapié Altobelli 2007, S. 172).

- **Nominalskala:** Die einfachste Skalierungsform ist die Nominalskala. Sie gibt im Wesentlichen Auskunft über Gleichheit und Ungleichheit, wobei die Anzahl der Kategorien beliebig zu wählen ist. Items mit zwei Antwortkategorien werden als dichtome Variablen bezeichnet.

  Mit der Nominalskala kodiert man beispielsweise die Frage nach dem Geschlecht mit den beiden Ausprägungen „männlich" und „weiblich" oder den Familienstand mit den Ausprägungen „ledig", „verheiratet", „verwitwet" und „geschieden". Für die einzelnen Merkmalsausprägungen können dann die absoluten und relativen Häufigkeiten berechnet werden.

- **Ordinalskala:** Ein ordinales Skalenniveau weisen jene Daten auf, welche vergleichende Aussagen zulassen. Somit sind eine Bestimmung von Ungleichgewicht bzw. Gleichgewicht sowie die Festlegung einer Rangordnung möglich.

  Diese Eigenschaften ordinaler Skalen können exemplarisch durch das Beispiel der Kleidergrößen zum Ausdruck gebracht werden (1 = Kleidergröße S, 2 = Kleidergröße M, 3 = Kleidergröße L).

- **Intervallskala:** Eine Intervallskala berücksichtigt neben Aussagen über die Gleichheit oder Ungleichheit von Merkmalsausprägungen sowie deren Anordnung (Relation) auch deren Abstand zueinander. Dabei basiert die Intervallskala auf der Annahme, dass die Abstände zwischen zwei Skalenpunkten gleich groß sind. Messwerte, die mittels einer Intervallskala erhoben werden, können deshalb auch addiert und subtrahiert werden.

  Diese Skalierungsform wird vor allem zur Messung nicht beobachtbarer Phänomene, wie Einstellungen oder Motive, eingesetzt. Am häufigsten findet dabei die so genannte Rating-Skala Anwendung.

■ Verhältnisskala: Die Verhältnisskala bildet das höchste Messniveau. Diese Skalierungsform weist zusätzlich zu dem Intervallskalenniveau einen natürlichen Nullpunkt auf. Dies bedeutet, dass Merkmale bei einer Ausprägung von Null nicht mehr vorhanden sind.

Beispiele für Variablen mit einer Verhältnisskala sind der Preis oder der Marktanteil eines Produktes.

Die folgende Abbildung zeigt die konstitutiven Merkmale sowie typische Beispiele der verschiedenen Skalen in einer zusammenfassenden Übersicht:

Skalenniveau	Zulässige Relationen	Typische Beispiele
Nominalskala	gleich / ungleich = / ≠	■ Geschlecht (dichotome Variable) ■ Familienstand
Ordinalskala	gleich / kleiner / größer = / < / >	■ Schulform (Hauptschule, Realschule, Gymnasium) ■ Kleidergröße (S, M, L, XL)
Intervallskala	gleich / kleiner / größer / von / bis = / < / > Differenzen sind interpretierbar	■ Temperatur ■ Intelligenzquotient ■ Einstellung zu einem Produkt: 1 = sehr gut, 6 = sehr schlecht
Verhältnisskala	gleich / kleiner / größer / von / bis / verhältnismäßig = / < / > Differenzen sind interpretierbar Quotientenbildung ist zulässig	■ Preis ■ Distributionsgrad ■ Marktanteil eines Produkts

Skalenniveaus

In unmittelbarem Zusammenhang zum Skalenniveau muss die Anzahl der Antwortmöglichkeiten einer Ratingskala bestimmt werden. Allerdings herrscht trotz kontroverser Diskussionen in Wissenschaft und Praxis keine Einigkeit über die „richtige" Anzahl an Antwortmöglichkeiten.

Grundsätzlich soll der Proband die Unterschiede zwischen den Kategorien erkennen können. Jedoch dürfen die Antwortmöglichkeiten weder zu grob, noch zu fein festgelegt sein. Meistens werden zwischen vier und sieben Abstufungen vorgegeben.

▶ **Allerdings ist zu beachten, dass innerhalb eines Fragebogens durchweg dieselbe Anzahl an Skalenpunkten für die Ratingskalen vorgegeben werden sollte.**

Wichtig ist zudem die Entscheidung, ob eine gerade oder ungerade Anzahl an Antwortkategorien vorgegeben wird. Bei einer ungeraden Anzahl hat der Befragte die Möglichkeit, eine neutrale Position zu beziehen. Diese Option bietet sich bei einer geraden Anzahl nicht und der Proband muss durch seine Antwort zumindest eine positive oder negative Tendenz zum Ausdruck bringen.

Festlegung der Fragenformulierungen 3.3.3

Der dritte Schritt im Rahmen der Erstellung eines standardisierten Fragebogens umfasst die Entscheidung über die Fragenformulierungen.

Bei der Formulierung von Fragen sollten die nachfolgenden Regeln beachtet werden:

Kurze verständliche Formulierungen
- Einfache Wortwahl, konkrete Wörter verwenden, keine Fremdsprache.
- Falsch: „Welche Features sind im Evaluationsprozess für eine Zeitschrift entscheidend?" – Diese Frage könnte bei einigen Befragten aufgrund der Verwendung von Fach- bzw. Fremdwörtern zu Verständnisschwierigkeiten führen.

- Besser: „Auf welche Eigenschaften achten Sie bei der Beurteilung einer Zeitschrift ganz besonders stark?"

Nur ein Thema / Inhalt pro Frage

- Falsch: *„Wie bewerten Sie diese Zeitschrift hinsichtlich Inhalt und Layout?"* – Eine Antwort ist bei dieser Frageform nicht eindeutig, da unklar ist, ob sie sich auf den Inhalt oder das Layout bezieht.
- Besser: Zwei Fragen stellen: *„Wie bewerten Sie den Inhalt dieser Zeitschrift?"*, *„Wie bewerten Sie das Layout dieser Zeitschrift?"*

Eindeutige Fragestellungen

- Alle Befragten sollten unter der Frage das Gleiche verstehen.
- Falsch: *„Wie hoch ist Ihr Einkommen?"* – Bei dieser Frage ist nicht klar, ob es sich auf das Einkommen des einzelnen Befragten bezieht oder ob dieser das gesamte zur Verfügung stehende Haushaltseinkommen angeben soll. Zudem fehlt die Erklärung, ob nach dem Brutto- oder dem Nettoeinkommen gefragt wird.
- Besser: *„Wie hoch ist Ihr monatliches Haushaltsnetto-Einkommen?"*

Keine vagen Formulierungen

- Falsch: *„Wie häufig nutzen Sie das Internet, um sich über aktuelle Trend- und Lifestylethemen zu informieren?"*

sehr häufig	❑
häufig	❑
manchmal	❑
nie	❑

Eindeutig ist hier nur die Antwortkategorie „nie". Bei den anderen Antwortmöglichkeiten ist zu befürchten, dass die verschiedenen Auskunftspersonen jeweils etwas Unterschiedliches unter den vorgegebenen Möglichkeiten verstehen. So könnte beispielsweise ein Befragter die Kategorie „sehr häufig" als „mindestens einmal am Tag" interpretieren, während eine andere Auskunftsperson, die vielleicht

generell das Internet nicht so oft nutzt, bereits die Antwort-
möglichkeit „sehr häufig" ankreuzt, wenn sie sich nur einmal in der Woche im Internet über die entsprechenden
Themen informiert.

■ Besser sind demnach die folgenden, konkreten Antwortkategorien:

täglich	❑
3 – 4-mal pro Woche	❑
1 – 2-mal pro Woche	❑
nie	❑

Neutrale Formulierungen, keine Suggestivfragen

■ Die Befragten dürfen in ihrem Antwortverhalten nicht beeinflusst und in eine bestimmte Richtung gelenkt werden.

■ Falsch: *„Sind Sie nicht auch der Meinung, dass ..."* oder *„Führende Wissenschaftler sind der Ansicht, dass genetisch manipulierte Nahrungsmittel zu gesundheitlichen Beeinträchtigungen
führen. Würden Sie trotzdem genetisch manipulierte Nahrungsmittel kaufen?"* –

Dem Begriff *„führende Wissenschaftler"* vergleichbar sind
Phrasen wie *„die meisten Menschen"* oder *„Es ist hinreichend
bekannt, dass ..."* oder *„Wie allseits bekannt ist ..."*. Solche
Phrasen führen dazu, dass Befragungspersonen sich nicht
trauen, den vorgegebenen Autoritäten oder der Mehrzahl
„der anderen" zu widersprechen und deshalb konform antworten.

■ Besser: Fragen sollten deshalb neutral formuliert werden.
Beispielsweise: *„Die Wissenschaft macht es möglich, Nahrungsmittel genetisch zu verändern. Würden Sie entsprechende Produkte kaufen?"*

Keine Überforderung der Befragten

■ Keine komplizierten Fragen.

■ Falsch: *„Wie hoch ist der Anteil der Miete am Einkommen?"*

■ Besser: Zwei Fragen stellen: *„Wie hoch ist die Miete?" „Wie
hoch ist Ihr monatliches Haushaltseinkommen (netto)?"*

3.3.4 Festlegung der Reihenfolge der Befragung und Bestimmung der Fragebogenlänge

Im vierten Schritt der Fragebogenerstellung gilt es, die Reihenfolge der Fragen sowie die Länge des Fragebogens festzulegen. Zielsetzung ist, die Probanden zur Teilnahme an der Befragung zu motivieren und über die gesamte Dauer der Befragung eine hohe Auskunftsbereitschaft sicherzustellen.

Grundsätzlich sollte ein Fragebogen wie folgt aufgebaut sein:

- **Einleitungs-, Kontakt- und Eisbrecherfragen:** Diese Fragen stehen am Anfang eines Fragebogens und sollen die Probanden in die Befragung einführen. Sie dienen dazu, mögliche Befangenheit des Befragten abzubauen und sollen zur Beantwortung der weiteren Fragen motivieren.
- **Sachfragen:** Diese Fragen dienen im eigentlichen Sinn dazu, den Untersuchungsgegenstand zu erforschen und bilden die Mehrheit des Fragebogens.
- **Kontroll- und Plausibilitätsfragen:** Mithilfe dieser Fragen wird die Konsistenz der Antworten einer Prüfung unterzogen. Kontrollfragen werden meist in Form von Wiederholungsfragen gestellt, indem an unterschiedlichen Stellen im Fragebogen Fragen zum gleichen Sachverhalt gestellt werden
- **Fragen zur Person:** Die Fragen zur Person bilden meist den Abschluss eines Fragebogens. Erhoben werden neben soziodemografischen Merkmalen (z.B. Alter, Geschlecht, Familienstand) auch ökonomische Merkmale (z.B. Einkommen), wobei diese Daten insbesondere in Hinblick auf die anschließende Datenauswertung und Ergebnisinterpretation von Bedeutung sind.

Neben der Reihenfolge der Fragen hängt die Bereitschaft und Fähigkeit der Auskunftsperson zur Beantwortung der Fragen auch stark von der Länge des Fragebogens ab.

Häufig ist festzustellen: Je länger der Fragebogen, desto höher ist die Abbrecherquote und desto ungenauer und schlechter ist das Antwortverhalten.

Zur Bestimmung der maximalen bzw. der optimalen Länge eines Fragebogens sollten verschiedene Kontextfaktoren einer Befragung berücksichtigt werden:

- **Zielgruppen der Befragung:** Generell gilt, dass bei Befragungen von Endverbrauchern eine Beantwortungsdauer von 15 bis maximal 30 Minuten nicht überschritten werden sollte. Expertenbefragungen lassen demgegenüber meist eine längere Befragungszeit zu.
- **Art der Kommunikation:** Dabei hängt die Befragungszeit jedoch auch stark von der gewählten Kontaktform ab. Persönliche Befragungen erlauben meist eine längere Befragungszeit als telefonische Umfragen (ca. 20 Minuten) oder Online-Umfragen.
- **Ort und Zeitpunkt der Untersuchung:** Vor allem bei persönlichen Befragungen hängt die maximale Befragungszeit sehr stark von den örtlichen und zeitlichen Gegebenheiten der Befragung ab. Während beispielsweise eine Befragung in einer Fußgängerzone keinesfalls länger als fünf bis zehn Minuten dauern sollte, sind bei qualitativen Einzel- oder Gruppeninterviews auch Durchführungszeiten von mehreren Stunden möglich.
- **Schwierigkeitsgrad der Fragen:** In Bezug auf den Schwierigkeitsgrad des Fragebogens gilt die Faustregel: Je schwieriger die Fragen, desto kürzer sollte der Fragebogen sein.
- **Interesse der Befragten am Untersuchungsgegenstand:** Ein hohes Themeninvolvement ermöglicht eine längere Befragungsdauer, da die befragten Personen es als spannend und weniger ermüdend empfinden, über einen für sie subjektiv wichtigen Sachverhalt Auskunft zu geben.

Formale Gestaltung des Fragebogens   3.3.5

In einem letzten Schritt gilt es, den Fragebogen auch in formaler Hinsicht zu gestalten. Vor allem bei der Wahl einer schriftlichen Befragungsstrategie sollte die Bedeutung des Fragebogen-Layouts für den Erfolg einer Studie nicht unterschätzt werden.

> ▶ **Durch eine übersichtliche und ansprechende Gestaltung kann das Interesse zur Teilnahme an der Befragung gesteigert werden.**

Zudem sollte bereits die formale Gestaltung des Fragebogens den Eindruck vermitteln, dass die Beantwortung einfach ist und wenig Zeit in Anspruch nimmt.

Die folgenden Hinweise fassen die wichtigsten Leitlinien für die formale Fragebogengestaltung zusammen:

- Zu Beginn eines Fragebogens sollte eine kurze Einführung stehen. Aufgabe der Einführung ist es, den Befragten den Sinn und Zweck der Befragung sowie die Wichtigkeit ihrer Teilnahme deutlich zu machen.

  Beispiel: *„Durch die Beantwortung dieses Fragebogens helfen Sie uns, die Zeitschrift ‚Body and Fit' noch besser nach Ihren Wünschen und Vorstellungen zu gestalten." oder „Sie haben die Möglichkeit, direkten Einfluss auf die Gestaltung unseres neuen Produktes zu nehmen."*

  Zudem enthält die Einführung wichtige Anweisungen zum Ausfüllen des Fragebogens sowie gegebenenfalls (erneute) Hinweise auf Incentives zur Teilnahme, das Vorhandensein eines frankierten Rückumschlags und das Rücksendedatum.

- Es empfiehlt sich, den Fragebogen thematisch zu gliedern und inhaltlich zusammenhängende Fragen in Frageblöcken zusammenzufassen.

  > ▶ **Dabei ist es hilfreich, die einzelnen Bestandteile des Fragebogens (Frageblöcke) auch optisch voneinander zu trennen (z.B. durch Umrahmung, Schattierungen oder farbliche Hervorhebungen).**

In Hinblick auf den Seitenumbruch sollte nach Möglichkeit vermieden werden, Fragen bzw. Fragenblöcke über zwei Seiten zu trennen.

- Die Fragen sollten nummeriert werden. Dies ist nicht nur wichtig für die Übersichtlichkeit eines Fragebogens, sondern erleichtert auch die spätere Kodierung und Analyse der Antworten. Darüber hinaus ist eine Nummerierung unerlässlich, wenn Gabelungs- und Filterfragen eingesetzt werden.

- Anweisungen für die Teilnehmer zur Beantwortung einzelner Fragen (z.B. *„Mehrfachantworten möglich"* oder *„Bitte kreuzen Sie bis zu drei Kriterien an, die für Sie zutreffend sind"*) bzw. Hinweise für die Interviewer (z.B. in Hinblick auf die Verwendung von Befragungshilfen oder das Registrieren der Antworten) sollten in unmittelbarer Nähe zu der entsprechenden Frage platziert werden.

- Für den Gesamteindruck eines Fragebogens sollte auch auf eine gute Papier- und Druckqualität geachtet werden.

Nur durch eine professionelle Gestaltung des Fragebogens kann gewährleistet werden, dass die Befragten die Studie auch ernst nehmen und bereit sind, zu antworten.

Die folgende Checkliste fasst nochmals die wichtigsten Punkte bei der formalen Gestaltung von Fragebögen zusammen:

- Einführung
  - ▶ Soll Vertrauen und Interesse beim Probanden wecken.
  - ▶ Soll die Probanden von der Wichtigkeit der Untersuchung und der Wichtigkeit Ihrer Teilnahme überzeugen.
  - ▶ Der Nutzen für die Probanden soll geklärt werden.
  - ▶ Vertraulichkeit und Anonymität werden zugesichert.

▶ Bei schriftlichen Befragungen erfolgt die Einführung häufig separat in Form eines Begleitschreibens.

■ Fragen
▶ Thematisch zusammenhängende Blöcke bilden.
▶ Fragen innerhalb der Blöcke nummerieren.
▶ Die einzelnen Bestandteile des Fragebogens sollten optisch voneinander getrennt werden, beispielsweise durch Umrahmungen oder Schatten.
▶ Zu beachten ist, dass die Fragen am Seitenanfang stärkere Aufmerksamkeit erregen, als jene am Seitenende.
▶ Anweisungen zur Beantwortung der Fragen sollten an geeigneter Stelle in unmittelbarer Nähe der entsprechenden Frage platziert werden.
▶ Die Antwortmöglichkeiten sollten untereinander und nicht nebeneinander angeordnet werden.

3.3.6 Umgang mit sensiblen Themen und Inhalten

Eine besondere Herausforderung bei der Fragebogenentwicklung stellt der Umgang mit sensiblen Befragungsthemen und -inhalten dar. Sensible Befragungsgegenstände können von den Befragten schnell als bedrohlich oder peinlich wahrgenommen werden (z.B. Privatsphäre, politische odr religiöse Überzeugung, prestigeträchtige Fragen nach Einkommen etc.).

Entsprechend ist mit einer hohen Antwortverweigerung zu rechnen bzw. es besteht die Gefahr, dass die Probanden vermehrt Falschaussagen tätigen.

Allerdings gibt es im Rahmen der Fragebogengestaltung eine Reihe von Möglichkeiten, um dieser Herausforderung zu begegnen und die Zuverlässigkeit der Antworten zu erhöhen:

■ **Sensible Fragen ans Ende des Fragebogens:** Da Befragungen meist ohnehin mit einer gewissen Skepsis seitens der befragten Personen verbunden sind, sollten Fragen zu sensiblen Themen unbedingt am Ende der Befragung gestellt werden. Bis dahin ist es dem Interviewer (hoffentlich) gelungen, die anfängliche Skepsis der Probanden abzubauen und diese von der Seriosität der Befragung zu überzeugen, sodass ihre Bereitschaft steigt, auch Fragen zu sensiblen Themen zu beantworten.

- Anstelle des eigentlich interessierenden Sachverhaltes Indikatoren heranziehen (indirekte Fragetechnik): Bei der Frage *„Leben Sie gesundheitsbewusst?"* ist zu befürchten, dass viele Befragte nicht wahrheitsgemäß antworten, sondern diese aus Prestigegründen bejahen. Aus diesem Grund bietet es sich an, nach verschiedenen Indikatoren wie z.B. dem regelmäßigen Verzehr von Obst und Gemüse, dem Konsum von Alkohol oder Tabak, den sportlichen Aktivitäten etc. zu fragen und aus diesen Antworten Rückschlüsse auf das Gesundheitsbewusstsein der Befragten zu ziehen.

- Vorgabe kategorialer Antwortmöglichkeiten: Für bestimmte Fragen (z.B. nach dem Alter oder dem Einkommen) bietet es sich an, nicht nach einer genauen Angabe zu fragen, sondern eine Zustimmung bzw. Einordnung in bestimmte Kategorien vorzunehmen.

Beispiel: Anstelle einer offenen Frage nach dem Einkommen (*„Wie hoch ist Ihr monatliches Haushaltsnettoeinkommen?"*) empfiehlt sich eine geschlossene Frage mit der Vorgabe verschiedener kategorialer Antwortmöglichkeiten:

unter 500			❑
501	bis	1000	❑
1001	bis	2000	❑
2001	bis	3000	❑
3001	bis	4000	❑
über 4000			❑

Ein gut strukturierter Fragebogen ist entscheidend für den Erfolg der Befragung

- Der Fragebogen ist das am häufigsten eingesetzte Erhebungsinstrument in der Marktforschung.

- Die Gestaltung des Fragebogens hat maßgeblichen Einfluss auf die Bereitschaft der Befragten zur Teilnahme an der Studie, ihr Antwortverhalten und die Qualität der gewonnenen Aussagen und Erkenntnisse.

- Die Entwicklung eines Fragebogens sollte sich im Groben an fünf Schritten orientieren:

  - ▶ Festlegung der Frageninhalte und der Befragungsstrategie,

  - ▶ Festlegung der Frageformen und Antwortmöglichkeiten,

  - ▶ Festlegung der Fragenformulierung,

  - ▶ Festlegung der Reihenfolge der Fragen und Bestimmung der Fragebogenlänge,

  - ▶ Formale Gestaltung des Fragebogens.

3.4 | Beobachtungen

Die Beobachtung stellt neben der Befragung die zweite grundlegende Methode der Primärforschung dar. Diese Erhebungsform sammelt Daten über einen Forschungsgegenstand durch Registrieren beobachtbarer, sichtbarer und faktischer Sachverhalte.

Dabei besteht die Möglichkeit, die interessierenden Sachverhalte (beispielsweise das Kaufverhalten von Kunden in einem Laden) entweder durch beobachtende Personen (geschulte Beobachter) oder mithilfe technischer Hilfsmittel (z.B. Kameras) aufzuzeichnen. Demnach kann diese Form der Datenerhebung auch als visuelle oder instrumentelle Form der Datenerhebung bezeichnet werden.

Auf diese Weise sollen Informationen beispielsweise über das Kauf- oder Verwendungsverhalten von Kunden gesammelt werden.

In seltenen Fällen findet die Beobachtung dabei auch durch die beobachtenden Personen selbst statt, was durch den Begriff der Selbsteinschätzung oder Selbstbeobachtung zum Ausdruck gebracht wird.

Im Gegensatz zu Befragungen zeichnen sich Beobachtungen dadurch aus, dass der festzustellende Sachverhalt nicht aufgrund einer ausdrücklichen Erklärung der Auskunftsperson, sondern unmittelbar aus dieser selbst bzw. ihrem Verhalten abgeleitet wird.

Allerdings kommen Beobachtungen häufig auch in Kombination mit Befragungen zum Einsatz, um Sachverhalte, die sich nicht unmittelbar aus dem beobachtbaren Verhalten erschließen lassen, trotzdem erfassen und in den Analysen und Erklärungen berücksichtigen zu können.

Beobachtungsformen 3.4.1

Im Folgenden werden die wichtigsten Merkmale und Unterscheidungskriterien verschiedener Beobachtungsformen kurz vorgestellt.

Durchschaubarkeit der Beobachtungssituation

Nach dem Grad der Durchschaubarkeit, das heißt in Abhängigkeit davon, inwiefern die Untersuchungsperson von der Beobachtungssituation weiß, lässt sich diese in vier Kategorien unterteilen.

Es ist zu entscheiden, ob die Beobachtung offen oder verdeckt (biotisch) angelegt sein soll. Bei der offenen Beobachtung wissen die Probanden, dass sie beobachtet werden. In diesem Fall besteht die Gefahr von Verzerrungseffekten, da sich die Probanden aufgrund der Beobachtungssituation möglicherweise unnatürlich verhalten (so genannter Beobachtungseffekt). Dieser Nachteil lässt sich im Rahmen verdeckter Beobachtungen vermeiden. Die Testpersonen wissen demnach nicht, dass sie beobachtet werden. Allerdings sind biotische Beobachtungen in der Regel mit einem deutlich höheren organisatorischen Aufwand verbunden, der notwendig ist, um die Beobachtungssituation zu vertuschen.

Zwischen den beiden aufgezeigten Extremformen liegen so genannte quasi-biotische sowie nicht-durchschaubare Beobachtungen, deren charakteristisches Merkmal darin besteht, dass die Probanden zwar über die Beobachtungssituation in Kenntnis gesetzt sind, ihnen die eigentliche Aufgabenstellung jedoch nicht bekannt ist. Quasi-biotische Beobachtungssituationen zeichnen sich zudem dadurch aus, dass die Testpersonen auch nicht über den Untersuchungszweck informiert worden sind.

Folgende Abbildung stellt noch einmal die typischen Merkmale dar:

offen	nicht durchschaubar	quasi-biotisch	biotisch
Der Beobachtete weiß von der Beobachtung. Er kennt deren Zweck und deren eigentliche Aufgabe.	Der Beobachtete weiß von der Beobachtung. Er kennt deren Zweck, nicht aber deren eigentliche Aufgabe.	Der Beobachtete weiß von der Beobachtung. Er kennt weder deren Zweck noch deren eigentliche Aufgabe.	Der Beobachtete weiß nicht von der Beobachtung. Er kennt weder Zweck noch deren eigentliche Aufgabe.
Beispiel: Beobachtung der Handhabung von Produkten.	Beispiel: Beobachtung des Markenwahlverhaltens im Rahmen eines Store-Tests, wenn der Proband nicht weiß, um welche Produktkategorie es sich handelt.	Beispiel: Untersuchung des Blickverlaufs beim Werbemitteltest.	Beispiel: Kundenlaufstudien, bei denen das Laufverhalten durch die Sicherheitskameras im Laden aufgezeichnet wird.

Beobachtungsformen (in Anlehnung an Fantapié Altobelli 2007, S. 97)

Partizipationsgrad des Beobachters

Eine weitere Strukturierung verschiedener Beobachtungsformen ist nach dem Einsatz des Beobachters vorzunehmen. Dieser kann zum einen aktiv in die Untersuchungssituation involviert sein. Bei den zuvor bereits geschilderten Beobachtungen von Kunden beim Einkauf im Laden wäre dies beispielsweise möglich, indem der Beobachter sich als Verkäufer oder Kunde tarnt und so aktiv am beobachteten Geschehen teilnimmt. Eine solche teilnehmende Beobachtung findet beispielsweise im Rahmen des Mystery Shopping statt: Der Marktforscher tritt im Geschäft als Kunde auf, um die Service- und Beratungsqualität des Handels zu beobachten.

Zum anderen kann eine passive Beobachtungsform gewählt werden, bei der der Beobachter die Testpersonen aus dem Hintergrund überwacht. Eine solche nicht teilnehmende Beobachtung stellt den Regelfall in der Marktforschung dar. Sie findet typischerweise im Rahmen von Gruppendiskussionen oder Handhabbarkeitsstudien Anwendung, in der die Beobachter für die Probanden unerkannt bleiben und diese beispielsweise verdeckt hinter einem Spiegelglas observieren.

Ort der Beobachtung

Man unterscheidet in Bezug auf den Ort der Beobachtung zwischen Feld- und Laborbeobachtungen. Wenn die Beobachtungssituation in einem natürlichen Umfeld stattfindet, spricht man von einer Feldbeobachtung. Bei der Laborbeobachtung wird eine spezielle Beobachtungssituation – meist in den Räumen eines Marktforschungsinstituts – hergestellt. Dabei finden Laboruntersuchungen häufig im Rahmen experimenteller Studien Anwendung.

Standardisierungsgrad der Beobachtungssituation

Beobachtungen lassen sich nach dem Strukturierungsgrad in standardisierte und nicht standardisierte Beobachtung differenzieren. Während bei der erstgenannten Untersuchungsart ein präzises Beobachtungsschema besteht, existiert bei der nicht standardisierten Beobachtung kein klar vorgeschriebener Beobachtungsleitfaden. Entsprechend dient diese Erhebungsform vor allem explorativen Untersuchungen und untersucht Sachverhalte, über die bisher nur wenige Informationen vorliegen.

Aufzeichnungsverfahren der Beobachtung

In der einleitenden Definition der Beobachtung wurden bereits die möglichen Aufzeichnungsverfahren genannt. Grundlegend kann hierbei unterschieden werden, ob die relevanten Sachverhalte und Vorgänge durch den Beobachter selbst oder unter Zuhilfenahme technischer Geräte erfasst werden. Dabei können persönliche Beobachtungen meist nur bei recht einfachen Aufgaben eingesetzt werden, wie beispielsweise bei Zählungen oder Beobachtungen des Kundenlaufs.

Sobald jedoch komplexere Fragestellungen untersucht werden sollen, bei denen mehrere Merkmale gleichzeitig erhoben werden müssen, erweist sich der Einsatz technischer Hilfsmittel als vorteilhaft. Neben Kameras und Tonbandgeräten zählen auch die Scannerkassen im Handel zu diesen technischen Aufzeichnungsgeräten. Vor allem im Rahmen der Werbewirkungs- sowie in der Produktforschung sind zudem spezielle Apparaturen entwickelt worden, um Verbraucherreaktionen aufzuzeichnen.

Das Verfahren der Blickaufzeichnung stellt in diesem Bereich wohl das bekannteste Verfahren dar. Dabei wird mithilfe einer Helmkamera der Blickverlauf des Auges aufgezeichnet. Auf diese Weise lässt sich beispielsweise untersuchen, welche Elemente einer Anzeige (Bild, Slogan, Headline) überhaupt betrachtet wurden, wie lange die verschiedenen Anzeigenelemente fixiert wurden und in welcher Reihenfolge sie wahrgenommen wurden.

3.4.2 Anwendung von Beobachtungen in der Marktforschung

In den vorangegangenen Ausführungen wurden bereits einige Anwendungsbeispiele von Beobachtungen genannt. In der Marktforschung finden Beobachtungen vor allem in den folgenden Bereichen statt (vgl. Fantapié Altobelli 2007, S. 98):

- Zählungen: Im Rahmen von Zählungen sind vor allem die folgenden Einsatzfelder von Bedeutung:
  - ▶ Erfassen von Passantenströmen für die Standortanalyse im Handel

- ▶ Besucherfrequenzen: beispielsweise in Geschäften und Dienstleistungsbetrieben oder auf Veranstaltungen, Messen und Events.
- ▶ Scanning: Artikelgenaue Erfassung von Absatz- bzw. Verkaufsdaten im Handel.
- ▶ Medienresonanzanalyse: Zählen der positiven (und / oder negativen) Artikel über das eigene Unternehmen in der Presse.

▪ Erfassung physischer Aktivitäten: Beobachtungen, die die Erfassung physischer Aktivitäten zum Gegenstand haben, sind beispielsweise:

- ▶ Kundenlaufstudien: Aufzeichnung der Laufwege des Kunden im Handel mit der Zielsetzung, die Ladengestaltung zu optimieren.
- ▶ Beobachtung des Zuwendungs- und Kaufverhaltens im Geschäft: Optimierung der Ladengestaltung in Hinblick auf die Warenplatzierung und -präsentation, Beobachtung der Reaktionen auf bestimmte Marketingmaßnahmen (Zweitplatzierungen, VKF-Maßnahmen), Überprüfung von Marktchancen neuer oder modifizierter Produkte.
- ▶ Blickverlauf beim Betrachten von Werbemitteln: Optimierung von Werbemitteln hinsichtlich der Gestaltung und Platzierung der Elemente einer Anzeige, eines Plakates, einer Verpackung etc.
- ▶ Blickverlauf beim Betrachten einer Homepage: Überprüfung der Benutzerfreundlichkeit (Usability) einer Website: Findet der Kunde die Informationen, die er sucht? Ist die Menüführung einfach und klar strukturiert? Wie viele Klicks braucht ein Kunde, bis er die gewünschten Informationen auf der Seite findet?
- ▶ Markenwahlverhalten im Geschäft: Kundenanalyse zur Unterscheidung zwischen Marken- und Preiskäufern.
- ▶ Handhabungs- und Nutzungsbeobachtungen im Rahmen der Produktforschung: Analyse der Bedienerfreundlichkeit und der ergonomischen sowie funktionsgerechten Gestaltung von Produkten.

- **Erfassung psychischer Zustände:** Neben der Beobachtung physischer Aktivitäten ist auch die Erfassung psychischer Zustände in der Marktforschung von großer Bedeutung. Voraussetzung, diese inneren Vorgänge mit Hilfe von Beobachtungen analysieren zu können, ist, dass sich diese psychischen Zustände auch in offenen, beobachtbaren körperlichen Reaktionen niederschlagen (z.B. Mimik und Gestik, Veränderung des Pulsschlags oder des Hautwiderstands, Schwankungen in der Stimmlage). Typische Anwendungsgebiete sind die Wahrnehmungsforschung oder die Messung von Erregungszuständen (z.B. Aktivierung, emotionale Reaktionen) beim Betrachten von Werbemitteln und Produkten.

Praxis-Beispiel: Auch im Rahmen unseres gewählten Beispiels des Verlagshauses „Lesen macht Spaß" wäre der Einsatz einer Beobachtung möglich und sinnvoll.

Zum einen wäre an das gerade vorgestellte Verfahren der Blickregistrierung zu denken. Mithilfe dieser Methodik ließe sich beispielsweise die optimale Platzierung und Gestaltung einer Anzeige erforschen. Die Untersuchungsergebnisse wären demnach weniger für das eigentliche Untersuchungsproblem (rückläufige Leser- und Abonnentenzahlen), als vielmehr für die Akquise und die Verhandlung mit Anzeigenkunden geeignet.

Allerdings ließen sich auch in Hinblick auf das ursprüngliche Marktforschungsproblem wichtige Erkenntnisse in Form von Beobachtungen generieren. Beispielsweise durch eine Beobachtung des Leseverhaltens, bei der registriert werden kann, welchen Inhalten der Zeitung die Leser bei ihrer Lektüre besondere Aufmerksamkeit geschenkt haben und welche Rubriken und Kategorien für sie von untergeordneter Bedeutung waren.

Diese Erkenntnisse könnten dann wichtige Ansatzpunkte für einen inhaltlichen Relaunch der Zeitschrift darstellen, wobei es hierzu wichtig ist, die Ergebnisse nicht nur aus einem einzelnen Heft abzuleiten, sondern verschiedene Hefte in die Beobachtung einzubeziehen. Nur so lassen sich relevante Tendenzen im Leseverhalten der Kunden identifizieren.

Wägen Sie die Vor- und Nachteile einer Beobachtung genau ab

- Die Beobachtung ist die systematische Erfassung von wahrnehmbaren Sachverhalten zum Zeitpunkt ihres Geschehens.

- Die Erfassung erfolgt entweder mit den menschlichen Sinnen und / oder mithilfe technischer Hilfsmittel.

- Zur Einteilung der verschiedenen Beobachtungsformen können verschiedene Kriterien, wie beispielsweise die Durchschaubarkeit der Beobachtungssituation (offene, nicht-durchschaubare, quasi-biotische, biotische Beobachtung), der Partizipationsgrad des Beobachters (teilnehmend vs. nicht-teilnehmend), der Strukturierungsgrad einer Beobachtung (strukturiert vs. nicht-strukturiert) oder das Beobachtungsumfeld (Feld- vs. Laborbeobachtung) herangezogen werden.

- Ein Einsatz von Beobachtungen ist für ganz verschiedene Fragestellungen und Aufgaben des Marketings sinnvoll. Neben Zählungen ist hierbei vor allem das Erfassen physischer und psychischer Vorgänge von Kunden zu nennen.

Eine Beobachtung durchzuführen, bringt folgende Vorteile mit sich:

- Eine Beobachtung kann unabhängig von der Auskunftsbereitschaft und der Verbalisierungsfähigkeit der Probanden erfolgen.

- Sie ermöglicht die Erfassung von Sachverhalten, die den Probanden selbst nicht bewusst sind bzw. von diesen nur schwer in Worten ausgedrückt werden können (z.B. gewohnheitsmäßige Handlungen, wie die Auswahl zwischen verschiedenen Marken am Regal) oder psychische Vorgänge (z.B. Aktivierungsreaktionen beim Betrachten einer Anzeige), die durch technische Hilfsmittel zuverlässiger erfasst werden können als durch eine Befragung.

- Auch komplexe Zusammenhänge, die nur schwer in einzelne Indikatoren zerlegt und verbalisiert werden können, lassen sich erforschen (z.B. Verwendungsverhalten in Bezug auf Produkte, Leseverhalten bei Printmedien).

- Die Vorgänge werden unmittelbar im Augenblick ihres Geschehens erfasst, sodass deutlich wird, in welchem Kontext bestimmte Geschehnisse erfolgen.

- Beobachtungen stellen vielfach eine sinnvolle Ergänzung zu anderen Erhebungsmethoden dar. Beispielsweise lassen sich durch eine ergänzende Beobachtung einer Gruppendiskussion gruppendynamische Prozesse sehr gut erfassen.

Berücksichtigen Sie bei Ihren Planungen allerdings auch die Nachteile von Beobachtungen:

- Viele psychische Sachverhalte entziehen sich einer Beobachtung. Dazu gehören die für das Marketing so wichtigen psychologischen Konstrukte wie Einstellungen, Verhaltensabsichten, Motive, Präferenzen, Gedanken etc.

- Die Ursache für eine bestimmte, beobachtbare Reaktion lässt sich meist nur im Rahmen einer experimentellen Untersuchungssituation ermitteln. Bei nichtexperimentellen Beobachtungen lassen sich die Ursachen für ein bestimmtes Verhalten meist nur durch eine zusätzliche Befragung identifizieren.

- Beobachtungen sind häufig mit einem erheblichen organisatorischen Aufwand verbunden.

- Auch bei Beobachtungen können Verzerrungen auftreten: Zum einen durch den sog. Beobachtungseffekt, d.h. eine Verhaltensänderung aufgrund des Wissens um die Beobachtungssituation, und zum anderen, weil beobachtete Merkmale unter Umständen unterschiedlich interpretierbar sind (ein und dasselbe Verhalten kann unterschiedlich gedeutet werden).

Experimente 3.5.1

Neben der Befragung und der Beobachtung wird auch das Experiment als Erhebungsmethode eingesetzt. Das Ziel eines Experiments besteht darin, einen Ursache-Wirkungs-Zusammenhang zu überprüfen. Die Ursache wird hierbei durch eine so genannte unabhängige Variable (x) und die Wirkung durch die abhängige Variable (y) wiedergegeben. Im Rahmen eines Experiments wird somit untersucht, welche Auswirkung die Änderung der Ursachenvariablen bzw. Einflussgrößen auf die Wirkungsvariable hat (vgl. Zentes / Swoboda 2001, S. 149 – 150).

Im Marketing stellen die Maßnahmen der verschiedenen Marketinginstrumente (Produkt-, Preis-, Kommunikations- und Distributionspolitik) die Einflussfaktoren dar, deren Wirkungen auf die Erfolgsgrößen im Marketing (Absatz, Umsatz) im Rahmen einer experimentellen Untersuchung überprüft werden sollen. Typische Marketingmaßnahmen in diesem Sinne könnten sein:

- Ein Markenartikel wird mit einer neu gestalteten Verpackung versehen und es soll überprüft werden, ob sich allein durch die Packungsänderung der Abverkauf des Produktes erhöhen lässt (Maßnahme der Produktpolitik).
- Ein Hersteller strebt eine Preisänderung an. Durch ein geeignetes Experiment soll überprüft werden, wie sich die Preisänderung auf die Höhe des Abverkaufs auswirkt (Maßnahme der Preispolitik).
- Ein Unternehmen will den Einfluss zweier unterschiedlicher Werbekampagnen (emotionale Kampagne vs. informative Kampagne) auf die Kaufabsicht der Kunden überprüfen (Maßnahme der Kommunikationspolitik).
- Für ein Produkt mit der Vertriebsschiene Lebensmitteleinzelhandel soll überprüft werden, ob sich eine Zweitplatzierung förderlich auf den Absatz dieses Produktes auswirkt (Maßnahme der Distributionspolitik).

Streng genommen handelt es sich bei einem Experiment um keine eigenständige Erhebungsmethode, da die relevanten Daten und Informationen auch hier mithilfe von Befragungen und / oder Beobachtungen erfasst werden.

▶ **Die Besonderheit des Experiments besteht darin, dass es einer spezifischen Versuchsanordnung unterliegt.**

Hierbei wird der interessierende Ursache-Wirkungs-Zusammenhang so isoliert und analysiert, dass möglichst alle weiteren möglichen Einflüsse kontrollierbar oder gar eliminierbar gemacht werden.

Beispiel: Im Rahmen eines Experiments kann etwa untersucht werden, wie sich die Veränderung der Verpackung auf die Absatzmenge eines Produkts auswirkt. Es wird also ein Ursache-Wirkungs-Zusammenhang zwischen der unabhängigen (Verpackung) und der abhängigen (Absatzmenge) Variablen gemessen.

Mögliche Störvariable sind hier Wettbewerbsaktivitäten, die ebenfalls Einfluss auf die interessierende Wirkungsgröße (Absatzmenge) haben. So hätte beispielsweise eine Preiserhöhung der Konkurrenz Einfluss auf den Verkaufserfolg des eigenen Produktes. Entsprechend ließe sich aufgrund dieser „Störgröße" nicht mehr eindeutig identifizieren, ob eine gesteigerte Absatzmenge als positive Wirkung auf die veränderte Verpackungsgestaltung oder als Reaktion auf die Preiserhöhung der Wettwerber zustande gekommen ist.

Die Bedingungen, denen ein Experiment unterliegen sollte, stellen sich demnach wie folgt dar (vgl. Raab / Poost / Eichhorn 2009, S. 44 – 45):

- Aktive Manipulation der unabhängigen Variablen (z.B. Gestaltung der Verpackung).
- Kontrolle von Dritt- oder Störgrößen (z.B. Wettbewerbsaktivitäten).
- Genaue Messung der evtl. Veränderung der abhängigen Variablen (z.B. Absatzmenge).

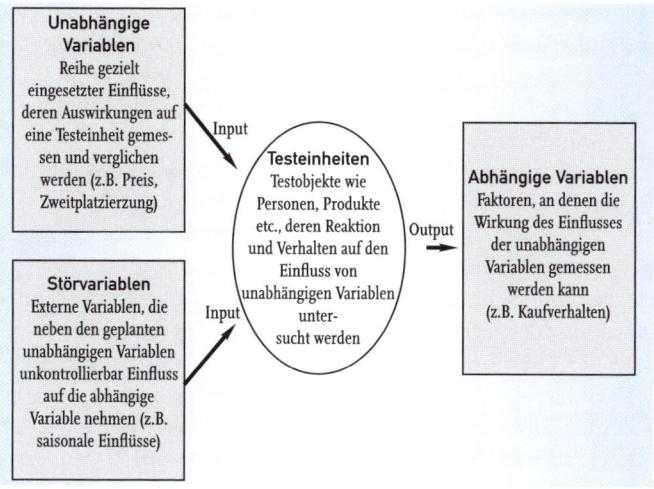

Elemente einer experimentellen Untersuchung

Experimentelles Umfeld

Experimente lassen sich in Labor- und Feldexperimente unterteilen. Während die Untersuchungsumgebung bei einem Laborexperiment künstlich erschaffen wird (das Experiment findet in einem speziell ausgestatteten Teststudio eines Marktforschungsinstituts statt), wird das Feldexperiment in einem natürlichen Umfeld durchgeführt. Die Testeinheiten werden also in ihrer gewohnten Umgebung untersucht, wodurch sich verzerrende Wirkungen durch eine Testsituation weitestgehend ausschließen lassen. Allerdings ist die Kontrolle von Störvariablen aufgrund der realen Versuchsanordnung deutlich schwieriger. Zudem sind Feldexperimente in der Regel sehr kosten- und zeitintensiv.

Umgang mit Störgrößen

Der interessierende Ursache-Wirkungs-Zusammenhang lässt sich nur dann sinnvoll und verlässlich überprüfen, wenn es gelingt, den Einfluss der Störvariablen zu eliminieren. Hierzu stehen dem Marktforscher verschiedene Möglichkeiten zur Verfügung

- Bildung von Kontrollgruppen: Diese müssen die gleichen Ausprägungen bzgl. der Störgröße(n) aufweisen wie die

Experimentiergruppe. Die Experimentiergruppe wird dem experimentellen Stimulus ausgesetzt, die Kontrollgruppe nicht.

■ Kontrolle der Störvariablen, indem sie konstant gehalten werden.

■ Berücksichtigung eines Zufallsfehlers in den Berechnungen.

Experimentelles Design

Ziel der unterschiedlichen experimentellen Designs ist es, unter Ausschaltung möglicher Störvariablen, eine Messung des interessierenden Ursache-Wirkungs-Zusammenhangs vorzunehmen.

In Abhängigkeit vom Zeitpunkt der Messung sowie dem Einsatz von Kontrollgruppen werden verschiedene Versuchsanordnungen unterschieden (vgl. Zentes / Swoboda 2001, S. 150 – 151):

		Messwerte
Kennzeichnung der Untersuchungseinheit C	E: Versuchungsgruppe (Experimental Group)	(x)
	C: Kontrollgruppe (Control Group)	(y)
Zeitpunkt der Messung	B: Messung *vor* dem Experiment (Before)	(t_0)
	A: Messung *nach* dem Experiment (After)	(t_1)

Experimentelles Design

■ Experimente vom Typ „EBA"
Es wird eine Experimentiergruppe gebildet, die mit dem experimentellen Stimulus (d.h. der zu untersuchenden Marketingmaßnahme) konfrontiert wird.
Die Wirkung des experimentellen Stimulus wird durch einen Vorher-Nachher-Vergleich gemessen: $x_1 - x_0$

■ Experimente vom Typ „EBA-CBA"
„Klassische" experimentelle Versuchsanordnung: Bildung einer Experimentier- und einer Kontrollgruppe.

Bei beiden Gruppen wird eine Messung der abhängigen Variable vorher und nachher vorgenommen.

Durch Bildung der Kontrollgruppe können jene Einflüsse kontrolliert werden, die auf beide Gruppen gleichermaßen einwirken, aber nicht der Marketingmaßnahme zuzuordnen sind: $(x_1 - x_0) \cdot (y_1 - y_0)$

- Experimente vom Typ „EA-CA"
  Bildung einer Experimentier- und einer Kontrollgruppe.
  In beiden Gruppen erfolgt eine einmalige Messung nach Durchführung des Experiments.
  Wirkungen der unabhängigen Variablen wird durch den Vergleich der Messwerte der abhängigen Variablen in den beiden Gruppen ermittelt: $x_1 - y_1$

Panel 3.5.2

Neben dem Experiment bildet auch das Panel eine Erhebungsform, die streng genommen keine eigenständige Erhebungstechnik darstellt, da die Erhebung der Paneldaten sowohl auf Grundlage von Befragungen, als auch von Beobachtungen erfolgen kann.

Ein Panel kann grundsätzlich charakterisiert werden als ein spezieller, gleich bleibender und repräsentativer Kreis von Untersuchungseinheiten (Personen, Einkaufsstätten), bei dem in regelmäßigen zeitlichen Abständen Befragungen oder Beobachtungen zum gleichen Untersuchungsgegenstand durchgeführt werden. Insofern handelt es sich bei einem Panel um eine Längsschnittanalyse.

Auf diese Weise lassen sich beispielsweise Veränderungen im Verhalten von Personen, Entwicklungen von Warenbewegungen oder auch Marktveränderungen als Folge von Marketingmaßnahmen erforschen (vgl. Meffert / Burmann / Kirchgeorg 2008, S. 164 – 165).

Grundsätzlich können Panels nach verschiedenen Kriterien klassifiziert werden. Nach dem Befragtenkreis wird zwischen Handels- und Verbraucherpanels unterschieden:

Handelspanel

Ein Handelspanel stellt eine besondere Form eines Unternehmenspanels dar. Es handelt sich um eine repräsentative Stichprobe aller Unternehmen bzw. der Betriebe einer bestimmten Branche (z.B. Textilbranche, Lebensmittel), die in regelmäßigen Abständen zu einem bestimmten, gleich bleibenden Untersuchungssachverhalt herangezogen werden. Die Paneldaten werden dabei mittels Beobachtungen auf Grundlage von Warenbeständen sowie der An- und Abverkäufe der interessierenden Artikel im Berichtszeitraum erhoben. Ergänzend werden die Panelmitglieder meist zu bestimmten Einschätzungen (Konsumklima, Veränderungen im Einkaufsverhalten der Kunden) befragt.

Die folgenden Beispiele geben einen Einblick in die Anwendungsmöglichkeiten eines Handelspanels:

Reguläre Erhebungsdaten	Sondererhebungsdaten
■ Bestände einer Warengruppe	■ Verwendetes Displaymaterial
■ Dazugehörige Preise	■ Teilnahme an Aktionen
■ Einkäufe des Handels	■ Lagerflächenaufteilung
■ Lieferart	■ Regalflächenaufteilung
■ Platzierung	

Bespiele im Rahmen eines Handelspanels (Pfaff 2005, S. 85)

Verbraucherpanel

Bei einem Verbraucherpanel handelt es sich um eine repräsentative Stichprobe aller Endverbraucher (oder aller Personen einer bestimmten Verbrauchergruppe – z.B. Haushalte mit zwei Kindern), die regelmäßig zu ihren Einkäufen in einer bestimmten Warengruppe befragt werden. Dabei lässt sich eine weitere Unterteilung von Verbraucherpanels in die folgenden Formen vornehmen:

- Haushaltspanel: bezieht sich auf die Einkäufe des gesamten Haushalts (Nahrungsmittel, Putzmittel etc.).
- Individualpanel: bezieht sich nur auf Einkäufe von ganz bestimmten Gütern oder Warengruppen, die innerhalb der Haushalte unterschiedlich präferiert werden (z.B. Kosmetika, Tabakwaren).

- **Single-Source-Panel:** Heranziehung identischer Erhebungseinheiten für unterschiedliche Sachverhalte, indem die Einkäufe der Haushalte mit Sondererhebungen verknüpft werden (z.B. Mediennutzung, Ernährungsverhalten, Daten über Verkaufsförderungsmaßnahmen).

Allerdings sind Verbraucherpanels nicht auf die Erfassung des Einkaufsverhaltens beschränkt. Gerade in den letzten Jahren finden sich auch vielfältige, weitere Anwendungsmöglichkeiten, die unter der Bezeichnung „Spezialpanels" zusammengefasst sind. Besonders häufig kommen dabei regelmäßige und wiederkehrende Kundenbefragung nach den Freizeitaktivitäten, dem Mediennutzungsverhalten oder nach besonderen Erfahrungen, Erlebnissen und Einstellungen der Kunden zum Einsatz.

Nach der Art der Erfassung der Paneldaten differenziert man zwischen schriftlicher und elektronischer Erfassung. Am häufigsten kommen dabei die drei folgenden Erfassungsmöglichkeiten zum Einsatz:

- **Tagebuch-Methode (paper diary):** Ausfüllen von Berichtsbögen, in welche die Haushalte ihre Einkäufe eintragen und diese dann in regelmäßigen Abständen an das Marktforschungsinstitut schicken.
- **Inhome Scanning:** Einkäufe werden anhand ihres EAN-Codes und bestimmter Codierungsanweisungen erfasst. Dabei kommt meist ein Handscanner zum Einsatz, der den Panelmitgliedern mit nachhause gegeben wird. Die Datenübertragung an das Marktforschungsinstitut erfolgt dabei automatisch.
- **POS (Point-of-Sale) Scanning:** Mittels einer Identifikationskarte jedes Haushalts werden dessen Einkäufe an den Kassen automatisch erfasst.

Grundsätzlich lässt eine kritische Auseinandersetzung mit Panelerhebungen folgende Chancen und Schwierigkeiten erkennen:

Dabei ist der Prozesscharakter von Paneluntersuchungen besonders positiv zu erwähnen. Nur durch eine solche regelmäßige und wiederkehrende Messung lassen sich Marktveränderungen als

Folge von Marketingmaßnahmen identifizieren. Auf diese Weise bilden Paneldaten eine wichtige Informationsgrundlage für eine gezielte Steuerung der handels- sowie der verbraucherorientierten Marketingmaßnahmen eines Unternehmens.

Allerdings lassen die folgenden Punkte die typischen Schwierigkeiten einer Paneluntersuchung erkennen (vgl. Meffert / Burmann / Kirchgeorg 2008, S. 165):

- **Hohe Verweigerungsrate:** Viele (potenzielle) Panelteilnehmer verweigern aufgrund der hohen Belastung durch eine Paneluntersuchung bereits bei der Akquirierung ihre Mitarbeit.

- **„Panelsterblichkeit":** Hohe Ausfallquote von Panelteilnehmern aus einem laufenden Panel. Neben natürlichen Ausfällen aufgrund von Umzügen oder Todesfällen sind hier insbesondere Ausfälle aufgrund von Zeitmangel, Ermüdungserscheinungen und mangelnder Motivation von Bedeutung. Die Panelsterblichkeit wird mit durchschnittlich 20 bis 30 Prozent pro Jahr beziffert. Genauso wie eine hohe Verweigerungsrate hat auch eine hohe Panelsterblichkeit Auswirkungen auf die Repräsentativität der Panelergebnisse.

- **Paneleffekt:** Paneldaten werden verzerrt, wenn sich Untersuchungseinheiten aufgrund ihrer Mitarbeit im Panel anders verhalten als normalerweise. Zudem kann es im laufenden Panel zu Lerneffekten kommen. So können Kunden durch ihre Panelteilnahme beispielsweise bewusster einkaufen, wodurch eine Verhaltensänderung eintritt (z.B. werden deutlich mehr gesündere Produkte eingekauft, als dies normalerweise der Fall wäre). Auch Ermüdungserscheinungen sind bei längerer Panelzugehörigkeit nicht zu vermeiden, wodurch die Teilnehmer in ihren Berichten nachlässiger werden oder diese sogar ganz auslassen und vergessen.

Experiment und Panelerhebungen erweitern die Möglichkeiten der Marktforschung

- Das Experiment wird in der Marktforschung zwar gelegentlich als eine eigenständige dritte Erhebungsmethode angesehen, es handelt sich jedoch nur um eine spezielle Versuchsanordnung, bei der die relevanten Daten ebenfalls auf Grundlage von Befragungen und / oder Beobachtungen gewonnen werden.

- Das Ziel eines Experiments ist das Erkennen von Ursache-Wirkungs-Zusammenhängen. Hierzu wird ein Einflussfaktor gezielt variiert und daraufhin der Einfluss dieser Veränderung auf eine abhängige Größe (Wirkung) gemessen.

- Panelerhebungen stellen eine weitere Variante der Primärforschung dar. Diese beruht ebenfalls auf einer speziellen Form der Befragung oder Beobachtung.

- Die Besonderheit einer Paneluntersuchung besteht darin, dass bei einem gleichbleibenden Kreis von Untersuchungseinheiten (Personen oder Einkaufsstätten) wiederholt und in regelmäßigen zeitlichen Abständen Erhebungen (Befragungen oder Beobachtungen) zum gleichen Untersuchungsgegenstand durchgeführt werden.

Auswahl der Untersuchungseinheiten für ein Marktforschungsprojekt

3.6

Neben den oben erläuterten Merkmalen spielt beim Design von Marktforschungsprojekten auch die Auswahl der Untersuchungseinheiten eine zentrale Rolle.

Vollerhebung oder Teilerhebung

Dabei gilt es in einem ersten Schritt, die Entscheidung zwischen einer Vollerhebung und einer Teilerhebung zu treffen:

■ Vollerhebung: Im Rahmen einer Vollerhebung werden sämtliche infrage kommenden Untersuchungseinheiten in die Erhebung einbezogen. Eine Vollerhebung berücksichtigt demnach die Grundgesamtheit für ein Untersuchungsproblem.

▶ **Vollerhebungen sind allerdings nur praktikabel, wenn die Grundgesamtheit relativ klein und einfach sowie eindeutig zu identifizieren ist.**

Aus organisatorischen, zeitlichen und finanziellen Gründen wird die Datenerhebung jedoch in der Regel nur auf eine bestimmte Auswahl aus der Grundgesamtheit beschränkt und findet insofern in Form einer Teilerhebung statt.

■ Teilerhebung: Im Rahmen einer Teilerhebung wird nur ein Teil der Grundgesamtheit, eine Stichprobe, untersucht, die Rückschlüsse auf die Grundgesamtheit zulassen soll.
Ein solcher Rückschluss auf die Grundgesamtheit ist jedoch nur dann gerechtfertigt und vermag gesicherte Ergebnisse zu liefern, wenn die Stichprobe repräsentativ ist.

▶ **Dieser Anspruch der Repräsentativität ist dann erfüllt, wenn die Teilmenge (Stichprobe) ein verkleinertes, wirklichkeitsgetreues Abbild der Grundgesamtheit darstellt.**

Wird eine Teilerhebung durchgeführt, so ist ein Auswahlplan zu erstellen, der festlegt, in welcher Art und Weise die Erhebungseinheiten auszuwählen sind. Dabei können verschiedene Auswahlverfahren zum Einsatz kommen (siehe nachstehende Abbildung).

Verfahren der Zufallsauswahl
Verfahren der Zufallsauswahl (auch „random sampling" genannt) sind dadurch gekennzeichnet, dass die Auswahl der Merkmalsträger auf der Grundlage eines Zufallsprozesses erfolgt. Dadurch kann eine subjektive Beeinflussung durch den Untersuchungsleiter oder Interviewer ausgeschlossen werden.

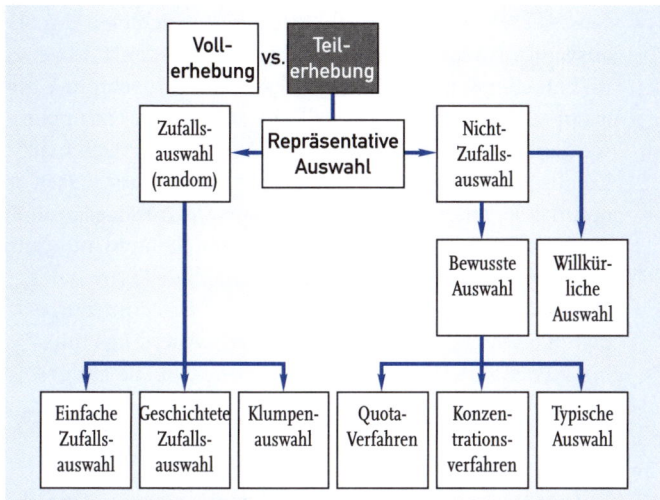

Verfahren der Stichprobenauswahl

Jedes Element der Grundgesamtheit besitzt eine berechenbare, von Null verschiedene Wahrscheinlichkeit, in die Stichprobe zu gelangen. Zudem lässt sich der Stichprobenfehler (Zufallsfehler) berechnen.

Bei den zufallsorientierten Verfahren wird zwischen der einfachen, der geschichteten und der Klumpenauswahl unterschieden (vgl. Berekhoven et al. 2006).

■ **Einfache Zufallsauswahl:** Die einfache Zufallsauswahl basiert auf dem so genannten Urnenmodell: Aus einer gut gemischten Urne, welche Kugeln, Namenskärtchen oder Ähnliches enthält, werden zufällig nacheinander (und in der Marktforschung immer ohne Zurücklegen) Elemente im Umfang der geplanten Stichprobengröße gezogen. Jedes Element der Grundgesamtheit besitzt somit die gleiche Wahrscheinlichkeit, in die Stichprobe zu gelangen. Voraussetzung für dieses Modell ist das vollständige Vorliegen der Grundgesamtheit, wobei die Merkmalsstruktur nicht bekannt sein muss.

■ **Geschichtete Zufallsauswahl:** Bei der geschichteten Zufallsauswahl wird die Grundgesamtheit zunächst anhand der zu
untersuchenden Merkmale (z.B. Alter, Geschlecht) in Untergruppen (Schichten) eingeteilt. Aus diesen Untergruppen
werden anschließend separate Stichproben gezogen (nach
Zufalls- oder bewusster Auswahl). Dieses Verfahren ist
optimal bei einer insgesamt heterogenen Grundgesamtheit,
die aber aus in sich vergleichsweise homogenen Untergruppen zusammengesetzt ist (z.B. verschiedene Formen des
Einzelhandels, die sich in Supermärkte, Discounter, Spezia-
litätengeschäfte etc. unterteilen lassen). Allerdings muss
hierzu die Verteilung der Schichtungsmerkmale in der
Grundgesamtheit bekannt sein.

■ **Klumpenauswahl:** Bei der Klumpenauswahl (synonym:
Cluster Sampling) wird die Grundgesamtheit zunächst in
zufällig gewählte, sich gegenseitig ausschließende Einheiten
(Klumpen, Cluster) unterteilt, welche die Auswahlbasis
darstellen. Aus dieser Gesamtheit der Klumpen wird dann
eine Zufallsstichprobe gezogen, wobei dann alle Elemente,
die in den ausgewählten Klumpen enthalten sind, in die
Stichproben gelangen.

Verfahren der bewussten Auswahl

Bei den Verfahren der bewussten Auswahl erfolgt die Auswahl der
Untersuchungseinheiten gezielt und überlegt nach sachrelevanten
Merkmalen. Zu den Auswahlverfahren, die nicht dem Zufallsprinzip unterliegen, zählen das Quota- und das Konzentrationsverfahren, die typische Auswahl sowie die willkürliche Auswahl (vgl. Berekhoven et al. 2006).

■ **Quotaverfahren:** Bei dem Quotaverfahren wird die Stichprobe so konstruiert, dass die Verteilung der Merkmalsausprägungen (Quoten) innerhalb der Stichprobe der Verteilung in
der Grundgesamtheit entspricht. Um dies realisieren zu
können, müssen sowohl die Merkmale als auch die Verteilung der Merkmale in der Grundgesamtheit bekannt sein.

Als erhebungsrelevante Merkmale werden dabei meist soziodemografische Merkmale, wie Alter, Geschlecht oder Familienstand herangezogen, die leicht erhebbar sind und deren Verteilung in der Grundgesamtheit aus amtlichen Statistiken zu entnehmen ist.

■ Konzentrationsverfahren: Bei dem Konzentrationsverfahren wird die Stichprobenauswahl auf die Elemente beschränkt, die als besonders wichtig für den Untersuchungsbereich erachtet werden. Hierbei werden die typische Auswahl und das so genannte Cut-off-Verfahren unterschieden:

Die Elemente, die als besonders typisch und charakteristisch erachtet werden, werden bei der typischen Auswahl nach freiem Ermessen aus der Grundgesamtheit ausgewählt (z.B. eine Befragung von Besuchern verschiedener Diskotheken, um die aktuellen Musiktrends zu identifizieren).

Das Cut-off-Verfahren beschränkt sich bei der Stichprobenauswahl auf die Elemente, die als besonders wichtig für den Untersuchungsbereich erachtet werden. Weitere Untersuchungseinheiten, die für den Untersuchungsgegenstand vermeintlich weniger interessant und nur mit einem hohen Erhebungsaufwand erfasst werden können, werden nicht berücksichtigt und demnach von der Stichprobe „abgeschnitten".

Beide Varianten des Konzentrationsverfahrens bergen die Gefahr, dass die Ergebnisse stark vom subjektiven Urteil des Forschers abhängen, da dieser entscheidet, welche Elemente als besonders typisch bzw. besonders wichtig für den vorliegenden Untersuchungsgegenstand sind.

■ Willkürliche Auswahl: Bei der willkürlichen Auswahl werden nur jene Erhebungseinheiten ausgewählt, die besonders leicht zu erreichen sind. Aus diesem Grund hat sich auch die Bezeichnung „Convenience Sample" etabliert. Ein Anspruch auf Repräsentativität kann bei diesem Auswahlverfahren in der Regel nicht erfüllt werden.

Welche Untersuchungseinheit legen Sie Ihrer Marktforschung zugrunde?

- Grundsätzlich stellt sich immer die Frage, von welcher Untersuchungseinheit eine Marktforschung ausgeht. Soll also eine Vollerhebung durchgeführt werden oder reicht auch eine Stichprobe – also eine Teilerhebung?

- In der Marktforschungspraxis sind Vollerhebungen aufgrund ihres hohen organisatorischen Aufwands sowie der damit verbundenen Kosten eher die Ausnahme. Aus diesem Grund greift man auf eine Stichprobe zurück, die aus der Grundgesamtheit ausgewählt wird.

- Bei den Verfahren zur Stichprobenauswahl unterscheidet man zwischen Verfahren der Zufallsauswahl und Verfahren der bewussten Auswahl:

- Bei dem Verfahren der Zufallsauswahl erfolgt die Bestimmung der Untersuchungseinheiten nach dem Zufallsprinzip.

- Demgegenüber werden die Untersuchungseinheiten bei den Verfahren der bewussten Auswahl nach definierten Merkmalen ausgewählt.

- Skizzieren Sie kurz die wichtigsten Unterschiede zwischen Sekundär- und Primärforschung.

- Welche internen Quellen gibt es in Ihrem Unternehmen, auf die Sie im Falle einer Sekundärforschung zum Thema Kundenzufriedenheit zugreifen könnten? Zu welchen Fragen müssten Sie externe Quellen recherchieren?

- Für welche Untersuchungsthemen und Fragestellungen bietet sich der Einsatz einer qualitativen Studie an? Welche Vor- und Nachteile sind bei dieser Erhebungsform zu berücksichtigen?

- Wovon hängt es ab, wie lang ein Fragebogen maximal sein sollte? Welche Probleme können auftreten, wenn ein Fragebogen zu lang ist?

- Wie können Sie bei der Ziehung einer Stichprobe vorgehen? Was müssen Sie berücksichtigen, um den Grundsatz der Repräsentativität zu erfüllen?

- Ihre Aufgabe ist es, im Rahmen einer Primärforschung einen Fragebogen für eine Kundenbefragung zu entwickeln, der Aussagen über die Zufriedenheit mit Ihrem Service erheben soll.
  Hierzu sollten Sie sich Gedanken zu den folgenden Punkten machen:
  - ► Welche Themenkreise sprechen Sie an?
  - ► Welche Fragestrategie wenden Sie an?
  - ► Welche konkreten Fragestellungen formulieren Sie hierzu?
  - ► Wie bauen Sie Ihren Fragebogen auf?
  - ► Welche Antwortmöglichkeiten geben Sie vor?

- Warum sollte man die Auswahl von Interviewern sorgfältig durchführen und nicht dem Zufall überlassen?

- Sie möchten den Bekanntheitsgrad sowie das Image Ihrer Marke mit Hilfe einer Kundenbefragung ermitteln, sind sich aber noch nicht ganz sicher, ob es sinnvoller ist, eine Online-Befragung oder eine telefonische Befragung durchzuführen. Welche Aspekte sollten Sie bei der Auswahl der geeigneten Befragungsform berücksichtigen?

- Wie können Sie bei einer Befragung vorgehen, um auch Daten und Informationen zu sensiblen Themen (z.B. Privatsphäre, Einkommensverhältnisse) zu erhalten?

- Welche Fragestellungen und Einsatzfelder eignen sich für die Durchführung einer Beobachtung?

- Wodurch zeichnen sich Experimente aus und für welche Untersuchungsthemen kommt diese Spezialform der Marktforschung zum Einsatz?

- Sie planen eine Paneluntersuchung. Welche Schwierigkeiten müssen Sie bei diesem speziellen Untersuchungsansatz berücksichtigen?

- Ein Anbieter von hochpreisigen und exklusiven Premiumartikeln möchte sein Angebot ausweiten und dazu seine A-Kunden befragen. Welche Gründe sprechen dafür, hier eine Vollerhebung durchzuführen?

- Nennen Sie Beispiele, in denen es sinnvoll ist, eine Stichprobe per Zufall oder nach fest definierten Kriterien zu bestimmen.

Datengewinnung

Dieses Kapitel beschäftigt sich mit der Feldarbeit – also damit, wie Daten vor Ort erhoben werden.

4

In diesem Kapitel erfahren Sie,

- was die wichtigsten Aufgaben im Rahmen der Datenerhebung sind,
- warum es sinnvoll ist, vor der eigentlichen Datenerhebung einen Pretest durchzuführen,
- was Sie bei der Auswahl und Schulung von Interviewern berücksichtigen sollten.

Im Anschluss an die Entwicklung des Untersuchungsdesigns (Designphase) erfolgt die so genannte Feldarbeit, bei der die eigentliche Datengewinnung laut Erhebungsplan organisiert und durchgeführt wird.

Dabei stellt eine sorgfältige Planung in der Designphase zwar eine notwendige, aber keine hinreichende Bedingung für die Güte der Untersuchungsergebnisse dar. Vielmehr ist eine korrekte Durchführung der daran anschließenden Feldarbeit mindestens genauso wichtig. Zudem entstehen in der Datengewinnungsphase meist die höchsten Kosten eines Marktforschungsprojektes.

Entsprechend wichtig ist es, auch die Datengewinnung sorgfältig zu planen und korrekt durchzuführen.

Hierzu empfiehlt es sich, der eigentlichen Erhebung einen so genannten Pretest (synonym: Pilotstudie) vorzuschalten, um zu überprüfen, ob das einzusetzende Messinstrument (Fragebogen, Beobachtungsanweisungen) adäquat entwickelt wurde. In der Marktforschungspraxis werden Pretests insbesondere im Rahmen der verschiedenen Befragungsformen eingesetzt.

Die Bedeutung eines solches Pretests wird sehr treffend durch das folgende Zitat zum Ausdruck gebracht: *„If you don't have the resources to pilot test your questionnaire, don't do the study."*

Konkret soll ein Pretest Auskunft geben über
- die Eindeutigkeit und Verständlichkeit der Fragen,
- Probleme des Befragten mit seiner Aufgabe,
- Interesse und Aufmerksamkeit bei einzelnen Fragen,
- das Wohlbefinden des Befragten (respondent wellbeing),
- die Vollständigkeit der Antwortkategorien,
- die Häufigkeitsverteilungen der Antworten,
- die Reihenfolge der Fragen,
- Kontexteffekte,
- Probleme des Interviewers,
- Technische Probleme mit Fragebogen und Befragungshilfen,
- die Zeitdauer der Befragung sowie
- sonstige Auffälligkeiten bei der Befragung.

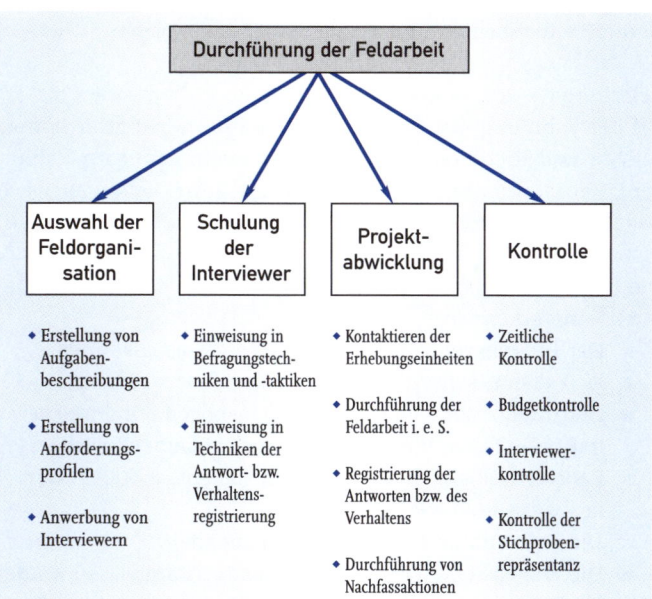

Für die Durchführung eines Pretest sind die folgenden Hinweise wichtig:

- Testen des Fragebogens unter möglichst realistischen Hauptstudien-Bedingungen (die Befragten sind über den Testcharakter des Interviews nicht informiert).
- Interviewer haben die Aufgabe, Probleme und Auffälligkeiten bei der Durchführung der Interviews zu beobachten und zu berichten.
- In der Regel passives Verfahren, d.h. der Interviewer beobachtet nur, ohne aktiv zu hinterfragen.
- Zugrundeliegendes Prinzip: Man versucht, aus der Reaktion bzw. Antwort der Befragten Rückschlüsse auf ihr Fragenverständnis zu ziehen.
- Registrierung der Befragungsdauer für einzelne Befragungsteile und das gesamte Interview.
- Berichten aller bei der Durchführung der Interviews identifizierten Probleme und Auffälligkeiten (Pretest-Report).

Durchführung der Feldarbeit

Auswahl der Feldorganisation	Schulung der Interviewer	Projektabwicklung	Kontrolle
◆ Erstellung von Aufgabenbeschreibungen	◆ Einweisung in Befragungstechniken und -taktiken	◆ Kontaktieren der Erhebungseinheiten	◆ Zeitliche Kontrolle
◆ Erstellung von Anforderungsprofilen	◆ Einweisung in Techniken der Antwort- bzw. Verhaltensregistrierung	◆ Durchführung der Feldarbeit i. e. S.	◆ Budgetkontrolle
◆ Anwerbung von Interviewern		◆ Registrierung der Antworten bzw. des Verhaltens	◆ Interviewerkontrolle
		◆ Durchführung von Nachfassaktionen	◆ Kontrolle der Stichprobenrepräsentanz

Aufgaben im Rahmen der Datenerhebung

Im Anschluss an den Pretest gilt es, die eigentliche Datensammlung vorzubereiten. Hierzu sind folgende Teilentscheidungen zu treffen (vgl. Fantapié Altobelli 2007 S. 209 – 211):

- ■ Auswahl der Feldorganisation,
- ■ Schulung der Interviewer,
- ■ Projektabwicklung und
- ■ Kontrolle der Erhebung.

Auswahl der Feldorganisation

Im Rahmen der Auswahl der Feldorganisation wird zunächst die Entscheidung getroffen, ob ein eigener Interviewerstab aufgebaut werden oder die Hilfe professioneller Dienstleister in Anspruch genommen werden soll. Neben dieser grundsätzlichen Frage sind für das konkrete Projekt die damit zu beauftragenden Beobachter bzw. Interviewer auszuwählen. Dazu sollte die Forschungsleitung detaillierte Aufgabenbeschreibungen erarbeiten und darauf aufbauend die erforderlichen Qualifikationen der Interviewer festlegen. Auf der Grundlage der entsprechenden Anforderungsprofile werden schließlich geeignete Interviewer angeworben.

Schulung der Interviewer

Bei der Schulung der Interviewer sollen die wichtigsten Einweisungen und Richtlinien verdeutlicht werden, damit im Rahmen der Datensammlung eine einheitliche und korrekte Vorgehensweise gewährleistet werden kann.

Die folgenden Beispiele lassen die wichtigsten Anweisungen für Interviewer erkennen:

- ■ Der Interviewer sollte sich offiziell ausweisen können.
- ■ Es sollten nur fremde Personen interviewt werden.
- ■ Der Interviewer sollte mit dem Fragebogen durchweg vertraut sein (sowohl inhaltlich als auch ablauftechnisch).
- ■ Bei standardisierten Befragungen sollten die Fragen wörtlich vorgelesen werden.
- ■ Die Reihenfolge der Fragen ist einzuhalten.
- ■ Die Fragen sollten langsam und deutlich vorgelesen werden.
- ■ Die Teilnehmer sollten genug Zeit für ihre Antwort bekommen und dürfen nicht unterbrochen werden.

- Hilfestellung für die Beantwortung der Fragen sollte nur entsprechend der definierten Intervieweranweisungen gegeben werden.
- Der Interviewer ist angehalten, die Auskunftsperson in keiner Weise zu beeinflussen (weder durch beeinflussende Kommentare – z.b. *„Also ich finde ja, dass die ‚Body and Fit' sich seit dem Relaunch echt verbessert hat ..."* oder *„Ja, ja klar, das ist echt wichtig ..."* – noch durch Gesten oder Mimik, die auf die persönliche Meinung des Interviewers schließen lassen – z.b. zustimmendes Nicken oder ablehnendes Kopfschütteln).
- Der Sampling-Plan und alle anderen Anweisungen müssen genau beachtet werden.

Auch bei der Registrierung der Antworten ist sorgfältig vorzugehen:

- Die Antworten sollen wörtlich notiert werden.
- Auch zusätzliche Anmerkungen und Kommentare sind im Fragebogen zu vermerken.
- Auf keinen Fall sollte der Interviewer Antworten zusammenfassen oder interpretieren. Dies ist Aufgabe des Forschers.

Projektabwicklung

Im Rahmen der Projektabwicklung erfolgt die konkrete Datensammlung. Hierzu gehören die folgenden Schritte:

- Akquise und Kontaktierung der Erhebungseinheiten,
- Befragung und / oder Beobachtung der Auskunftspersonen,
- Registrierung der Antworten bzw. des beobachtbaren Verhaltens der Erhebungseinheiten,
- Durchführung von Nachfassaktionen, um die Rücklaufquote zu erhöhen und schwer zugängliche Probanden zu erreichen.

Kontrolle der Erhebung

Eine wichtige Rolle spielt schließlich die Kontrolle im Verlauf und am Ende einer Erhebung. Während die zeitliche Kontrolle die Einhaltung des geplanten Zeitrahmens überwacht, soll die Budgetkontrolle gewährleisten, dass der finanzielle Rahmen nicht gesprengt wird. Weiterhin sollte durch eine sachliche Kontrolle die Stichprobenrepräsentanz überprüft werden und sollte gewährleistet sein, dass die Interviewer den Anweisungen folgen.

Im Folgenden werden zusammenfassend typische Probleme bei der Datengewinnung dargestellt:

- Die Probanden sind nicht anzutreffen und müssen deshalb erneut kontaktiert werden oder durch andere Testpersonen ersetzt werden.
- Die Probanden verweigern die Auskunft oder geben bewusst falsche Antworten.
- Die Probanden haben Vorurteile gegenüber dem Untersuchungsinstrument oder der Thematik der Untersuchung.
- Der Interviewer ist voreingenommen (z.B. suggestive Fragen) oder unehrlich (z.B. füllt er die Fragebögen selbst aus oder beeinflusst Probanden in seinem Sinne).

Die Feldarbeit muss besonders sensibel organisiert und überwacht werden

- In der dritten Phase eines Marktforschungsprojektes, der so genannten Feldarbeit, werden die nach dem Untersuchungsdesign konzipierten Aufgaben und Aktivitäten organisiert und überwacht.

- Die verschiedenen Aufgaben der Datengewinnung lassen sich grob in vier aufeinander aufbauende Schritte einteilen:

  ▸ Auswahl der Feldorganisation,

  ▸ Schulung der Interviewer,

  ▸ Projektabwicklung und

  ▸ Kontrolle der Erhebung.

- Der eigentlichen Feldarbeit sollte immer ein Pretest vorgeschaltet sein.

- Im Rahmen einer Marktforschungsstudie ist die Phase der Datenerhebung in der Regel mit dem größten Zeitaufwand verbunden. Für die Feldarbeit werden im Durchschnitt meist über 30 Prozent der verfügbaren Zeit benötigt.

  Entsprechend sollte der Zeitraum der Erhebungsphase im Vorfeld möglichst genau geplant werden.

  ▸ Bei telefonischen und persönlichen Interviews orientiert man sich an der Anzahl der geplanten Interviews und der durchschnittlichen Dauer eines Interviews.

  ▸ In gleicher Form lässt sich der Zeitaufwand für Beobachtungen kalkulieren (Anzahl der Beobachtungen x Zeitaufwand einer Beobachtung).

  ▸ Bei schriftlichen und Online-Befragungen wird der Zeitraum der Erhebungsphase durch die Definition eines Abgabe- bzw. Rücksendedatums fixiert, wobei eine gewisse zeitliche Kulanz für eine etwaige Nachfassaktion eingeplant werden sollte.

AUFGABEN

- Welche Punkte und Problemkreise kann ein Pretest vor Beginn der eigentlichen Feldarbeit abklären?

- Was sollte bei der Schulung der Interviewer beachtet werden?

- Welche typischen Probleme können bei der Datengewinnung auftreten?

- Welche Kontrollmöglichkeiten sollten im Rahmen der Datenerhebung wahrgenommen werden?

Datenanalyse

In diesem Kapitel erfahren Sie, wie Sie aus Zahlen wichtige Informationen und Erkenntnisse gewinnen.

5

Sie lernen,

- die wichtigsten Verfahren der Datenanalyse kennen,
- wie Sie eine große Datenmenge durch möglichst wenige, aber aussagekräftige Zahlen charakterisieren,
- typische Einsatzfelder für uni-, bi- und multivariate Analyseverfahren kennen,
- wie Sie auf der Basis von Stichprobenereignissen Verallgemeinerungen auf die Grundgesamtheit ableiten,
- einzelne Merkmalsausprägungen zu beschreiben, Zusammenhänge zwischen zwei Variablen auszuwerten sowie mehrere Variable in Beziehung zueinander zu setzen.

5.1 Grundlagen der Datenanalyse

Die verschiedenen Methoden der Datengewinnung liefern eine große Anzahl von Einzelinformationen. Im Rahmen der Datenanalyse erfolgt die Ordnung, Verdichtung und Auswertung der Daten, um auf dieser Basis Marketingentscheidungen sinnvoll unterstützen zu können.

In einem ersten Schritt gilt es hierbei, die gesammelten Fragebögen zu überprüfen und nicht auswertbare Fragebögen auszusortieren. Gründe hierfür sind:

- Der Fragebogen ist unvollständig: Die Befragung ist vorzeitig abgebrochen worden oder es sind ganze Frageblöcke (versehentlich oder absichtlich) nicht ausgefüllt worden.
- Der Fragebogen wurde fehlerhaft beantwortet, weil der Befragte die Fragen oder die Aufgabenstellungen zur Beantwortung nicht verstanden hat.
- Der Fragebogen ist offensichtlich nur „durchgekreuzt" worden: Alle Fragen werden mit der gleichen Antwort versehen.
- Der Fragebogen ist zu spät eingetroffen.

Bevor mit der eigentlichen Datenanalyse begonnen werden kann, ist in einem zweiten vorbereitenden Schritt die Aufbereitung und Kodierung der Daten vorzunehmen: Um Daten mit einem statistischen Analyseprogramm auswerten zu können, müssen die Variablen messbar sein, d.h. jeder Ausprägung muss ein Zahlenwert zugeordnet sein. Dieser Vorgang wird als Kodierung bezeichnet.

Die Kodierung der einzelnen Variablen wird in einem so genannten Kodeplan protokolliert, der für jede Variable die Variablenbezeichnung und die entsprechende Kodierung aufweist.

Für die eigentliche Datenanalyse werden statistische Verfahren herangezogen, wobei der Begriff Statistik die Gesamtheit der Methoden umfasst, die für die Verarbeitung empirischer Daten relevant ist. Als Hauptgruppen der Statistik lassen sich die deskriptive (beschreibende) und die induktive (schließende) Statistik voneinander abgrenzen (vgl. Baumgarth / Bernecker 1999 S. 97 ff. und Homburg u.a. 2008 S. 154):

- Die deskriptive Statistik umfasst alle Verfahren, die sich mit der Aufbereitung und Auswertung der Stichprobe bzw. der Grundgesamtheit befassen. Sie zielen darauf ab, die unüberschaubare Datenmenge durch möglichst wenige, jedoch aussagekräftigere Zahlen zu charakterisieren. Im Extremfall wird lediglich eine Zahl (z.B. Mittelwert) zur Charakterisierung der gesamten Datenmenge verwendet.
- Die induktive Statistik dagegen versucht auf der Basis von Stichprobenergebnissen Verallgemeinerungen bzw. Schlüsse auf die Grundgesamtheit abzuleiten. Dies bedeutet, dass die induktive Statistik nur dann notwendig ist, wenn eine Teilerhebung vorgenommen worden ist.

Zudem lassen sich die verschiedenen Methoden der Datenanalyse entsprechend der zu untersuchenden Merkmale in univariate, bivariate und multivariate Verfahren unterscheiden.

Kriterium	Ausprägungsform	Kennzeichen
Geltungsanspruch	■ Deskriptive Verfahren	■ Aussagen über die Struktur der Stichprobe
	■ Induktive Verfahren	■ Übertragung von Stichprobenbefunden auf die Grundgesamtheit
Anzahl berücksichtigter Variablen	■ Univariate Verfahren	■ Betrachtung der Merkmalsausprägungen *einer* einzelnen Variable
	■ Bivariate Verfahren	■ Untersuchung der Beziehungen zwischen *zwei* Variablen
	■ Multivariate Verfahren	■ Untersuchung der Beziehungen zwischen *drei und mehr* Variablen

Statistische Analyseverfahren

Univariate Auswertungen 5.2

Im Rahmen der univariaten Verfahren wird in der Auswertung immer nur eine einzelne Variable (z.B. Betriebsform, Einkommen) berücksichtigt. Die statistische Analyse beschränkt sich also auf die Merkmalsausprägungen der Untersuchungsobjekte bezüglich eines Merkmals.

Zu univariaten Methoden deskriptiver Art gehören unter anderem Häufigkeitsverteilungen, Lageparameter sowie Streuungsparameter.

Häufigkeitsauswertungen

In einem ersten Schritt sollte im Rahmen der Datenanalyse zunächst mit der Auswertung der Häufigkeiten begonnen werden. Die Häufigkeitsauswertungen werden umgangssprachlich auch als „Nasenzählen" bezeichnet: Sie gibt für jede Variable an, mit welcher Anzahl die jeweilige Merkmalsausprägung in der Untersuchung genannt wurde.

Häufigkeiten werden dabei entweder in ihrer absoluten oder ihrer relativen Ausprägung (Prozent) angegeben. Zur Veranschaulichung werden Häufigkeitsverteilungen vor allem in Balken- oder Kreisdiagrammen grafisch dargestellt.

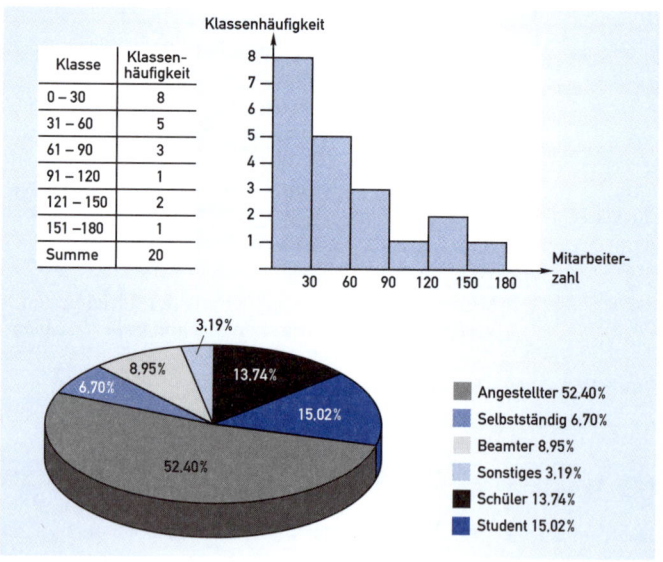

Möglichkeiten zur grafischen Veranschaulichung von Häufigkeitsverteilungen

Lageparameter

Lageparameter kennzeichnen diejenige Ausprägung eines Merkmals, die für die analysierte Häufigkeitsverteilung am typischsten ist. Zu den gebräuchlichsten Lageparametern zählen der Modus, der Median (oder auch Zentralwert genannt) sowie das arithmetische Mittel, wobei die Berechnung dieser Parameter vom Skalentyp des betrachteten Merkmals abhängt (vgl. Homburg / Klarmann / Krohmer 2008 S. 217 – 218).

In der folgenden Tabelle ist angegeben, wie häufig einzelne Kunden in einem Geschäft (Drogeriemarkt) eingekauft haben. Basierend auf diesen Daten können der Modalwert, der Median und der Mittelwert berechnet werden.

Kunde 1 bis 12

1	2	3	4	5	6	7	8	9	10	11	12
1	3	0	1	1	2	0	4	1	5	3	7

Anzahl jeweils gekaufter Produkte

- **Modalwert (synonym: Modus):** Die in der Verteilung am häufigsten vorkommende Ausprägung ist der Modus oder Modalwert. Dieser Wert kann für Merkmale aller Skalenniveaus berechnet werden.

  Modus (Modalwert): Variablenwerte der Variable „Anzahl gekaufter Produkte": 1, 3, 0, 1, 1, 2, 0, 4, 1, 5, 3, 7
  Der Modus, also der Variablenwert der am häufigsten (viermal) auftritt, ist „1".

- **Median:** Der Median teilt eine der Größe nach sortierte Reihe von Variablenwerten genau in der Mitte, sodass die Anzahl der Variablenwerte links und rechts vom Median gleich groß ist. Aufgrund dieser Eigenschaft spricht man beim Median auch vom zentralen Wert. Die Mindestvoraussetzung für den Median ist eine Ordinalskala.

  Median (Zentralwert: Zunächst werden die Variablenwerte der Reihe nach geordnet: 0, 0, 1, 1, 1, 1, 2, 3, 3, 4, 5, 7

Da es sich um eine gerade Anzahl von Variablenwerten handelt, wird folgende Formel verwendet:

$$x_{med} = \frac{1}{2}\left(x_{\frac{n}{2}} + x_{\frac{n}{2}+1}\right) = \frac{1}{2}(x_6 + x_7) = \frac{1}{2}(1+2) = 1{,}5$$

50 Prozent der Werte liegen „rechts" bzw. „links" von Variablenwert 1,5.

Bei einer ungeraden Anzahl von Variablenwerten sollte folgende Formel angewandt werden:

$$x_{med} = x_{\frac{n+1}{2}}$$

■ **Mittelwert (synonym: arithmetisches Mittel):** Das arithmetische Mittel gibt den Durchschnittswert an. Dieser wird berechnet, indem man alle Einzelwerte aufsummiert und durch Anzahl der untersuchten Merkmalsträger teilt. Diese Berechnung setzt ein metrisches Skalenniveau der entsprechenden Variable voraus.

Mittelwert (arithmetisches Mittel): Das arithmetische Mittel (Durchschnittswert) für mindestens intervallskalierte Merkmale lässt sich anhand folgender Formel berechnen:

$$\bar{x} = \frac{1}{n}\sum_{i=1}^{n} x_i = \frac{1+3+0+1+1+2+0+4+1+5+3+7}{12} = \frac{28}{12} = 2{.}33$$

Streuungsparameter

Wie oben aufgeführt, zählen auch Streuungsmaße zu den univariaten Auswertungsmöglichkeiten. Während die Lageparameter das Zentrum einer Verteilung charakterisieren, beschreiben Streuungsmaße die Ausdehnung. Mithilfe von Streuungskennzahlen ist somit eine Analyse der Merkmalsverteilung möglich, d.h. eine Aussage darüber, wie weit die einzelnen Merkmalswerte der berücksichtigten Untersuchungseinheiten über den Bereich der Merkmalsskala vereilt sind (streuen). Denn es ist durchaus denkbar, dass die arithmetischen Mittel für ein bestimmtes Merkmal in zwei unterschiedlichen Stichproben zwar identisch, die Merkmalsausprägungen in den jeweiligen Stichproben jedoch unterschiedlich verteilt sind.

Zu den Streuungsparametern zählen unter anderem die Spannweite, die Varianz sowie die Standardabweichung.

- Spannweite (synonym: Spanne): Die Spannweite berechnet sich aus der Differenz zwischen dem höchsten und niedrigsten Merkmalswert und gibt damit die Streubreite der Häufigkeitsverteilung an.

  Spannweite (Spanne): Die Spanne, also die Differenz zwischen dem größten und dem kleinsten Wert, ist „7".
  $$SP = maxx_i - minx_i = 7 - 0 = 7$$

- Varianz: Zur Berechnung der Varianz werden zunächst die jeweiligen Abweichungen der einzelnen Merkmalsausprägungen vom arithmetischen Mittel quadriert und anschließend wird die Summe der quadrierten Abweichungen durch die Anzahl der Merkmalsträger dividiert.

  Varianz: Die Varianz lässt sich anhand folgender Formel berechnen:
  $$s^2 = \frac{1}{n} \sum_{i=1}^{n} (x_i - \bar{x})^2 = \frac{(1-2,33)^2 + (3-2,33)^2 + ... + (7-2,33)^2}{12} = 4,22$$
  Das arithmetische Mittel der Variable „Anzahl gekaufter Produkte" lag bei 2,33. Entsprechend ergibt sich eine Varianz von 4,22.

- Standardabweichung: Die Standardabweichung ist als die Wurzel der Varianz definiert. Durch die Standardabweichung ist es möglich, verschiedene Merkmale im Hinblick auf Streuung miteinander zu vergleichen.

  Standardabweichung: Die Standardabweichung entspricht der Wurzel der Varianz.

  $$s = \sqrt{s^2} = \sqrt{4,44} = 2,05$$

Wie anhand der Beispiele zu erkennen ist, besteht die Voraussetzung für das Berechnen aller drei aufgeführten Streuungsparameter in dem Vorliegen eines metrischen Skalenniveaus.

5.3 | Bivariate Auswertungen

Im Gegensatz zu den univariaten Verfahren beziehen bivariate Verfahren gleichzeitig zwei Variablen in die Analysen mit ein, mit dem Ziel, Zusammenhänge bzw. Unterschiede zwischen den beiden Variablen zu identifizieren.

Hier sollen im Speziellen die Kreuztabellierung sowie die Korrelationsanalyse erläutert werden, da diese Verfahren in der Praxis häufig Anwendung finden (vgl. Homburg / Klarmann / Krohmer 2008 S. 221 ff.).

Kreuztabellierung

Das einfachste Verfahren zur Aufdeckung und zur Veranschaulichung von Zusammenhängen zwischen zwei Variablen ist die Kreuztabellierung. Voraussetzung hierfür ist, dass die interessierenden Variablen in sich gegenseitig ausschließende Untergruppen eingeteilt werden

---

Beispiel: Die Variable „Geschlecht" wird in die Untergruppen „männlich" und „weiblich" eingeteilt und die Variable „Einkaufsverhalten" mit den Untergruppen „Produkt gekauft" und „Produkt nicht gekauft").

Dabei ist für beide Variablen ausreichend, dass sie ein nominales Skalenniveau aufweisen.

Alle möglichen Ausprägungskombinationen werden in einer zweidimensionalen Matrix, der Kreuztabelle dargestellt. Für jede Kategorie ermittelt man dann die absoluten sowie die relativen Häufigkeiten.

Jedes Feld der Kreuztabelle steht für eine Fallgruppe, d.h. für eine Kombination von Ausprägungen der beiden interessierenden Variablen. Das obige Beispiel veranschaulicht den Zusammenhang zwischen den Variablen „Geschlecht" und „Kauf der Zeitschrift Body and Fit".

| | | | Kauf der Zeitschrift „Body and Fit" | | |
			Nein	Ja	Gesamt
Geschlecht	männlich	Anzahl	35	15	50
		% von Geschlecht	70,0%	30,0%	100,0%
		% von Kauf der Zeitschrift „Body and Fit"	66,04%	31,9%	50,0%
	weiblich	Anzahl	18	32	50
		% von Geschlecht	36,0%	64,0%	100,0%
		% von Kauf der Zeitschrift „Body and Fit"	33,96%	68,1%	50,0%
Gesamt		Anzahl	53	47	100
		% von Geschlecht	53,0%	47,0%	100,0%
		% von Kauf der Zeitschrift „Body and Fit"	100,0%	100,0%	100,0%

Entsprechend können aus der hier dargestellten Kreuztabelle in einem ersten Schritt die folgenden Informationen gewonnen werden:

- In der Studie wurden Männer und Frauen zu gleichen Teilen nach ihrem Kauf der Zeitschrift „Body and Fit" befragt (jeweils 50).
- 15 Männer aus der Stichprobe haben die Zeitschrift gekauft.
- 30 Prozent aller Männer in der Stichprobe haben die Zeitschrift gekauft.
- 31,9 Prozent der Käufer der Zeitschrift „Body and Fit" sind Männer.
- Demgegenüber haben 32 Frauen die Zeitschrift gekauft. Das heißt, dass 64 Prozent der befragten Frauen die Zeitschrift gekauft haben bzw. 68,1 Prozent der Käufer der Zeitschrift „Body and Fit" Frauen sind.

Aus der dargestellten Kreuztabelle kann also gefolgert werden, dass die Zeitschrift in der Stichprobe von deutlich mehr Frauen als von Männern gekauft wird. An dieser Stelle stellt sich die Frage, ob sich der beobachtete Zusammenhang zwischen den beiden untersuchten Merkmalen nur zufällig innerhalb des üblichen Streubereichs möglicher Stichprobenresultate ergeben hat oder ob er statistisch gesichert (signifikant) ist, d.h. ob er sich auf die Grundgesamtheit übertragen lässt. Zu diesem Zweck kann der Chi-Quadrat-Test herangezogen werden, um den identifizierten Zusammenhang auf statistische Signifikanz hin zu überprüfen.

Korrelationsanalyse

Die Korrelationsanalyse, die bei metrischen Variablen angewendet wird, erlaubt neben der Überprüfung eines linearen Zusammenhangs zweier Variablen auch die Messung der Stärke dieses Beziehung. Dies geschieht mithilfe des so genannten Korrelationskoeffizienten (r), der Werte im Bereich -1 und +1 annehmen kann.

Wird im Rahmen der Korrelationsanalyse ein negativer Wert ermittelt ($r < 1$), so bedeutet dies, dass zwischen den beiden Variablen ein negativer Zusammenhang existiert. Die Erhöhung der einen Variable führt demnach zur Verminderung der anderen Variablen.

Beispiel: Eine Preiserhöhung führt (i.d.R.) zu einer Verminderung der Absatzmenge eines Produktes).

Im positiven Wertebereich ($r > 1$) ist die Erhöhung des einen Merkmals mit einer Erhöhung des anderen Merkmals verbunden.

Beispiel: Ein vermehrter Einsatz von Werbemaßnahmen wirkt sich positiv auf die Bekanntheit des Produktes aus).

Je näher der Korrelationskoeffizient an Null angrenzt, desto schwächer ist der untersuchte Zusammenhang und je näher der ermittelte Wert dem Betrag von eins kommt, umso stärker ist der Zusammenhang zwischen den zwei Variablen.

Vergleichbar zu der Kreuztabellenanalyse werden die identifizierten Zusammenhänge mithilfe von Testverfahren (induktive Statistik) auf statistische Signifikanz überprüft. Ist diese gegeben, so kann der ermittelte Zusammenhang auch für die Grundgesamtheit angenommen werden.

Multivariate Auswertungen

Multivariate Analysen, das heißt die gleichzeitige Analyse von mindestens zwei Variablen, gehören heute zum Standardwerkzeug der Marktforschung. Ein Grund dafür ist die zunehmende Verbreitung der EDV in der Marktforschung und die steigende Leistungsfähigkeit sowie Benutzerfreundlichkeit der entsprechenden Software (Spezialprogramm z.B. SPSS).

Ein zweiter Grund liegt in der Komplexität der Beziehungen im Marketingbereich. Einfache Erklärungsansätze scheitern häufig an der Realität. So lässt sich beispielsweise ein zu geringer Marktanteil eines Produktes auf eine Vielzahl gleichzeitig wirkender und untereinander abhängiger Einflussfaktoren zurückführen. Daher ist in der Wissenschaft eine Vielzahl von leistungsfähigen Verfahren entwickelt worden, mit deren Hilfe komplexe Zusammenhänge analysiert und dargestellt werden können.

Die folgenden Ausführungen beschränken sich auf einige Verfahren, die in der Praxis eine besonders hohe Bedeutung aufweisen. Eine Strukturierung dieser Verfahren kann dahingehend vorgenommen werden, dass unterschieden wird, ob vor der Analyse eine Einteilung in abhängige und unabhängige Variablen erfolgt oder nicht (vgl. Backhaus / Erichson / Plinke / Weiber 2003):

■ Dependenzanalyse: Im Rahmen der Dependenzanalyse wird ein Kausalzusammenhang unterstellt und entsprechend erfolgt die Definition von abhängigen und unabhängigen Variablen. Ziel ist es, den Einfluss einer oder mehrerer unabhängiger Variable(n) auf eine oder mehrere abhängige Variable(n) zu untersuchen.

■ Interdependenzanalyse: Demgegenüber besteht das Ziel der Interdependenzanalyse darin, die wechselseitigen Abhängigkeiten zwischen Variablen zu untersuchen, ohne vorher die Richtung dieses Zusammenhangs festzulegen. Eine Unterscheidung zwischen abhängigen und unabhängigen Variablen erfolgt hier deshalb nicht.

Beide Analysearten spielen in der Praxis eine wichtige Rolle. Ihr Einsatz hängt jeweils von der zugrunde liegenden Problemstellung bzw. den zu beantwortenden Forschungsfragen ab.

Die folgende Abbildung gibt einen Überblick über die wichtigsten multivariaten Verfahren (vgl. Backhaus / Erichson / Plinke / Weiber 2003):

Verfahren	Anwendungsgebiet	Fragestellungen
Regressions-Analyse	■ Untersuchung von Kausalbeziehungen ■ Prognose ■ Zeitreihenanalyse	Wie verändert sich die Absatzmenge, wenn das Werbebudget um zehn Prozent erhöht wird? Welche Absatzmenge ist in der Zukunft zu erwarten?
Varianz-Analyse	■ Auswertung von Experimenten (Untersuchung von Kausalbeziehungen)	Welchen Einfluss haben zwei Marketinginstrumente (Markenname und Absatzweg) auf den Erfolg eines Produktes?
Korrelations-Analyse	■ Untersuchung von Zusammenhängen (Stärke und Richtung)	Besteht zwischen dem Einkommen und der Kaufabsicht ein Zusammenhang?
Cluster-Analyse	■ Gruppenbildung (Bündelung von Objekten entsprechend ihrer Ähnlichkeit)	Lassen sich die Kunden eines Industrieunternehmens entsprechend ihrer Einkaufsgewohnheiten in Gruppen einteilen?
Faktoren-Analyse	■ Datenverdichtung	Lässt sich die Vielzahl von Kundenzufriedenheitsfaktoren auf wenige komplexe Faktoren reduzieren?

Multidimensionale Skalierung (MDS)	■ Positionierung von Objekten (Räumliche Darstellung entsprechend der Ähnlichkeit von Objekten)	Wie können konkurrierende Produkte im Wahrnehmungsraum der Zielgruppe positioniert werden? Wie ähnlich/unähnlich sind sich konkurrierende Produkte?
Conjoint-Analyse	■ Bestimmung von Nutzenwerten (Bestimmung des Beitrags verschiedener Komponenten zum Gesamtnutzen eines Objektes)	Welche Nutzenbeiträge liefern die Farbe, der Preis, die PS-Zahl und die Geschwindigkeit für den Gesamtnutzen eines Pkws?

Multivariate Analyseverfahren

Die gewonnenen Daten müssen geprüft und ausgewertet werden

- Nach Abschluss der Feldarbeit werden die gewonnenen Daten in der Phase der Datenanalyse zunächst auf Vollständigkeit und logische Konsistenz geprüft und anschließend auf das Untersuchungsziel und die definierten Forschungsfragen hin ausgewertet.

- Hierzu ist es zunächst notwendig, im Rahmen der Datenkodierung eine klare Zuordnung zwischen der Ausprägung eines bestimmten Merkmals und einem konkreten Zahlenwert zu definieren.

- Zur anschließenden Datenanalyse können uni-, bi- sowie multivariate Analyseverfahren eingesetzt werden.

- Zur Durchführung der verschiedenen Datenauswertungen nutzt man am besten entsprechende Software. In der Marktforschungspraxis hat sich neben Analysen mithilfe Microsoft Excel vor allem die Software SPSS (Statistic Package for Social Sciences) etabliert. Es handelt sich hierbei um eine Software, die speziell für die statistische Datenanalyse entwickelt wurde. Das Programm bietet die Möglichkeit, (auch umfangreiche) Daten zu verwalten, aufzubereiten und zu verarbeiten. Hierzu steht eine Vielzahl statistischer Funktionen und Verfahren zur Verfügung, die sowohl den uni- und bivariaten Bereich, als auch alle relevanten multivariaten Analysen abdecken. Zudem bietet das Programm bereits vielfältige Möglichkeiten, die Daten auch grafisch aufzubereiten.

▪ Was sollten Sie tun, bevor Sie mit der eigentlichen Daten-analyse beginnen können?

▪ Was versteht man unter dem Vorgang der „Kodierung"?

▪ Wodurch unterscheiden sich Lage- und Streuparameter und welche Aussagen lassen sich mit diesen Kennzahlen typischerweise beschreiben?

▪ Welche im Rahmen einer Konkurrenzanalyse ermittelten Merkmalszusammenhänge würden Sie mithilfe einer Kreuztabellierung veranschaulichen? Nennen Sie drei Beispiele aus Ihrer Praxis.

▪ Welche Analyse erlaubt neben der Überprüfung eines linearen Zusammenhangs zwischen zwei Variablen auch die Messung der Stärke dieser Beziehung?

▪ Mit Hilfe welchen Verfahrens können Sie einen kausalen Zusammenhang zwischen zwei oder mehr Variablen ana-lysieren?

▪ Wodurch unterscheiden sich Verfahren der Dependenz- und der Interdependenzanalyse?

Dokumentation und Präsentation

6

In diesem Kapitel erfahren Sie, wie Sie die Ergebnisse Ihrer Marktforschung wirkungsvoll an den Mann oder die Frau bringen.

Sie lernen, wie Sie

- eine schriftliche Dokumentation sinnvoll gliedern und aufbereiten,
- im Rahmen einer mündlichen Präsentation die Ergebnisse einer Marktforschungsstudie sinnvoll präsentieren.

Den letzten Schritt eines jeden Marktforschungsprojektes bildet die Dokumentation und Präsentation der Ergebnisse. Dabei erfolgen bei Marktforschungsprojekten in der Regel sowohl eine schriftliche Dokumentation als auch eine mündliche Präsentation.

Schriftliche Dokumentation

Für die schriftliche Dokumentation bietet sich folgende Grobstruktur an:

- Problemstellung und Zielsetzung der Studie,
- Zusammenfassung der wichtigsten Ergebnisse („Management summary"),
- Methodische Vorgehensweise (Untersuchungsdesign, Aufbau der Fragebögen, Stichprobenziehung),
- Ergebnisdarstellung (Beschreibung der Stichprobe, deskriptive und multivariate Auswertungen) / Tabellen und Grafiken zur Veranschaulichung der statistischen Kennzahlen,
- Interpretation und Schlussfolgerungen,
- Empfehlungen und weitere Vorgehensweise (Umsetzungsplanung, weitere Forschungsprojekte),
- Anhang (z.B. Fragebogenbeispiel, Detailauswertungen).

Ein Bericht sollte in einer verständlichen Sprache verfasst sein, einen angemessenen Umfang haben („Der Meister zeigt sich im Auslassen") sowie formal ansprechend gestaltet sein.

▶ **Speziell bei der Ergebnisdarstellung bietet es sich an, die quantitativen Ergebnisse durch Abbildungen zu visualisieren.**

Grafische Darstellungen nehmen im Rahmen der Datenpräsentation eine wichtige Rolle ein, da sie die Übersichtlichkeit des Forschungsberichts steigern. Für das Erstellen von Grafiken sind folgende Anforderungen zu beachten (vgl. Pfaff 2005 S. 133 – 134):

- Eine Grafik sollte übersichtlich sein und sich auf das Wesentliche beschränken.
- Die Grundaussage und der Zweck einer Grafik sollten dem Betrachter ohne weitere Erläuterung klar sein.
- Die Herkunft des Datenmaterials sollte erkennbar sein.

- Hinweise auf Maßstäbe und Proportionen sollten angegeben werden.
- Hinweise auf Verknüpfungen mit dem Text.

Mündliche Präsentation

Der Erfolg einer mündlichen Präsentation hängt stark von der Vorbereitung ab. Diese umfasst organisatorische Aspekte wie z.B. die Auswahl der Teilnehmer und entsprechende Informationen über Ort, Zeit, Dauer, Thema und Ziel, Raumauswahl und Reservierung. Daneben bilden die inhaltliche und formale Gestaltung der Präsentation einen Gegenstand der Vorbereitungsphase. Die inhaltliche Vorbereitung betrifft die Festlegung der Struktur sowie die Auswahl der zu übermittelnden Informationen. Die formale Vorbereitung umfasst vor allem die Gestaltung der Folien sowie die Auswahl der Präsentationshilfsmittel und die Produktion von Präsentationsunterlagen.

Bei der Gestaltung der Folien sind folgende Grundlagen wichtig:
- einheitliche Gestaltung der Folien (Corporate Design),
- wenige Aussagen pro Folie,
- Vergleiche nebeneinander abbilden,
- Verwendung von Farben zur Hervorhebung,
- wichtige Aussagen in die Folienmitte und gute (Aus-)Nutzung des zur Verfügung stehenden Platzes.

Im Rahmen der eigentlichen Präsentation ist der Erfolg stark von der Persönlichkeit des Präsentierenden abhängig.

Diese kann durch den gezielten Einsatz von Rhetoriktechniken verbessert werden.

Abschließend werden noch einige typische Fehlerquellen aufgeführt, die sowohl für die schriftliche Dokumentation als auch die mündliche Präsentation typisch und entsprechend vermeidbar sind:
- Ziel, Aufgabenstellung und Konzept nicht erkennbar,
- zu lang und umfangreich,

- Übergenauigkeit („Zahlenfriedhöfe"),
- unzureichende Erklärung und „Fachchinesisch",
- sehr sachliche und farblose Darstellung,
- zu viele Grafiken („Folienschlachten"), und
- es werden keine Empfehlungen ausgesprochen, um nicht „festgenagelt" werden zu können.

Auch die Präsentation der Ergebnisse muss überzeugen

- In der letzten Phase eines Marktforschungsprojektes müssen die gewonnenen Informationen und Ergebnisse den (Marketing-) Entscheidungsträgern in angemessener Form zur Verfügung gestellt werden.

- An dieser Schnittstelle zum Marketing-Management hat der Marktforscher die Aufgabe, aus den gewonnenen Ergebnissen die wichtigsten Erkenntnisse zu ziehen, diese in geeinter Form zu interpretieren und zu präsentieren.

- Es gilt – meist in Zusammenarbeit mit den Marketing-verantwortlichen –, geeignete Schlussfolgerungen aus den Erkenntnissen zu ziehen und Lösungsansätze für das eingangs formulierte Marktforschungsproblem zu entwickeln und zu diskutieren.

- Im Sinne eines Wissensmanagements müssen die Daten, Ergebnisse und Erkenntnisse auch in geeigneter Form dokumentiert werden.

- Marktforschungsprojekte können leicht zu umfangreichen Daten und Ergebnissen führen. In der Marktforschungspraxis ist deshalb die Erstellung von Forschungsberichten üblich, in denen das Forschungsdesign (Informationsquellen, Stichprobe, Methoden der Datenerhebung, Fragebogen bzw. Beobachtungsleitfaden) sowie die wichtigsten Ergebnisse (abhängig vom Untersuchungsziel) dargestellt werden.

AUFGABEN

- Welche Anforderungen sollten Sie bei der Erstellung von Grafiken beachten?

- Welche Funktion erfüllt der Forschungsbericht?

- Nennen Sie typische Fehlerquellen sowohl für die schriftliche Dokumentation als auch für die mündliche Präsentation!

Literaturverzeichnis

- Backhaus, Klaus / Erichson, Bernd / Plinke, Wulf / Weiber, Rolf (2003): Multivariate Analyseverfahren – Eine anwendungsorientierte Einführung. 10. Auflage, Berlin/Heidelberg/New York 2003
- Baumgarth, Carsten / Bernecker, Michael (1999): Marketingforschung. München, Wien 1999
- Berekoven, Ludwig / Eckert, Werner / Ellenrieder, Peter (2006): Marktforschung – Methodische Grundlagen und praktische Anwendung. 11. Auflage, Wiesbaden, 2001
- Bruhn, Manfred (2007): Marketing – Grundlagen für Studium und Beruf. 8. Auflage, Wiesbaden 2007
- Fantapié Altobelli, Claudia (2007): Marktforschung – Methoden, Anwendungen, Praxisbeispiele. Stuttgart 2007
- Friedrichs, Jürgen (1990): Methoden empirischer Sozialforschung. 14. Auflage, Opladen 1990
- Hammann, Peter / Erichson, Bernd (2000): Marktforschung. 4. Auflage, Stuttgart 2000
- Herrmann, Andreas / Homburg, Christian / Klarmann, Martin (2008): Marktforschung: Ziele, Vorgehensweise und Nutzung. In: Herrmann, Andreas / Homburg, Christian / Klarmann, Martin (Hrsg.): Handbuch Marktforschung, S. 3–19, 3. Auflage, Wiesbaden 2008
- Homburg, Christian / Klarmann, Martin / Krohmer, Harley (2008): Statistische Grundlagen der Datenanalyse. In Herrmann, Andreas / Homburg, Christian / Klarmann, Martin (Hrsg.): Handbuch Marktforschung, S. 213–240, 3. Auflage, Wiesbaden 2008
- Homburg, Christian / Herrmann, Andreas / Pflesser, Christian / Klarmann, Martin (2008): Methoden der Datenanalyse im Überblick. In Herrmann, Andreas / Homburg, Christian / Klarmann, Martin (Hrsg.): Handbuch Marktforschung, S 151–174, 3. Auflage, Wiesbaden 2008
- Kamenz, Uwe (2001): Marktforschung: Einführung mit Fallbeispielen, Aufgaben und Lösungen. 2. Auflage, Stuttgart 2001

- Meffert, Heribert / Burmann, Christoph / Kirchgeorg, Manfred (2008): Marketing – Grundlagen marktorientierter Unternehmensführung. 10. Auflage, Wiesbaden 2008
- Pepels, Werner (1995): Käuferverhalten und Marktforschung. Stuttgart 1995
- Pfaff, Dietmar (2005): Marktforschung – Wie Sie Erfolg versprechende Zielgruppen finden. Berlin 2005
- Raab, Andrea E. / Poost, Andreas / Eichhorn, Simone (2009): Marketingforschung – Ein praxisorientierter Leitfaden. Stuttgart 2009
- Scharf, Andreas / Schubert, Bernd (1997): Marketing – Einführung in Theorie und Praxis. 2. Auflage, Stuttgart 1997
- Zentes Joachim / Swoboda, Bernhard (2001): Grundbegriffe des Marketing – Marktorientiertes globales Management-Wissen. 5. Auflage, Stuttgart 2001

Stichwortverzeichnis